MENTOR LERN

Band 615

Mathematik
5./6. Klasse

Grund- und Aufbauwissen 1

Mengen, Einheiten, Addition und Subtraktion

Mit Beispielaufgaben und ausführlichem Lösungsteil zum Heraustrennen

Mit Lerntipps!

Herbert Hoffmann

mentor Verlag München

Über den Autor:

Herbert Hoffmann, Oberstudiendirektor a. D. für Mathematik und Physik

Lerntipps:

Alexander Geist, staatlicher Schulpsychologe an einem Gymnasium

Redaktion: Dr. Hans-Peter Waschi

Illustrationen: Rudi A. Zitzelsberger-Jakobs, Welden

Layout: Barbara Slowik, München

Titelgestaltung: Iris Steiner, München

Umwelthinweis: Gedruckt auf chlorfrei gebleichtem Papier.

Auflage:	7.	6.	5.	4.	3.	letzte Zahlen
Jahr:	05	04	03	02	01	maßgeblich

© 1997 by Mentor Verlag GmbH, München

Das Werk und seine Teile sind urheberrechtlich geschützt. Jede Verwertung in anderen als den gesetzlich zugelassenen Fällen bedarf deshalb der vorherigen schriftlichen Einwilligung des Verlages.

Satz/Repro: Fotosatz-Service Köhler GmbH, Würzburg
Druck: Druckhaus „Thomas Müntzer", Bad Langensalza
Printed in Germany • ISBN 3-580-63615-4

Inhalt

Vorwort 5

Benutzerhinweise 6

A Mengen 7
1. Die Menge und ihre Elemente, Mengendiagramme 7
2. Schnittmenge (Durchschnitt) zweier Mengen 12
3. Vereinigungsmenge zweier Mengen 16
4. Differenzmenge oder Restmenge zweier Mengen 19
5. Teilmengen, gleiche Mengen 22
6. Die Aussage, Grundmenge, Lösungsmenge 28
7. Geordnete Mengen, Vorgänger, Nachfolger 32
8. Die Aussageform: „größer, kleiner" 34

B Menge der natürlichen Zahlen 38
1. Die natürliche Zahl 38
2. Zahlenstrahl 39
3. $\mathbb{N}$ und $\mathbb{N}_0$, endliche und nichtendliche Mengen 41
4. Zehnersystem (Dekadisches System) 42
5. Zehnerpotenzen 47
6. Dualsystem 48
7. Strichliste, Häufigkeit 50
8. Römische Zahlzeichen 52
9. Auf- und Abrunden 54

C Größen, Umrechnungszahlen 57
1. Länge einer Strecke, Maßzahl, Maßeinheit 57
2. Umrechnen der Längeneinheiten 59
3. Flächeneinheiten 64
4. Raum- und Hohlmaße 67
5. Einheiten der Masse 69

D Addition 71
1. Die Summe 71
2. Eigenschaften der Addition 74
   - 2.1 Das Kommutativgesetz (Vertauschungsgesetz) 74
   - 2.2 Das Assoziativgesetz (Verbindungsgesetz) 75
   - 2.3 Kommutativgesetz und Assoziativgesetz zusammen 76
   - 2.4 Addition der Null 77
3. Schriftliches Addieren 77
4. Umfang, Vielecke 80
5. Addition von Größen 84

E	Subtraktion	86
1.	**Die Differenz**	86
2.	**Schriftliches Subtrahieren**	90
3.	**Subtraktion von Größen**	91
4.	**Der Ansatz**	93
	4.1 Die Subtraktion als Umkehrung der Addition	93
	4.2 Berechne den Minuenden	96
	4.3 Berechne den Subtrahenden	99
	4.4 Textaufgaben zum Trainieren	101

Lerntipps 102

Stichwortverzeichnis 109

Lösungsteil 113

Liebe Schülerin, lieber Schüler,

Mathematik ist keine Zauberei, sondern wie Fußball und Schach hat sie Regeln und erfordert Training. Dieses Buch will dir helfen, deine Schwierigkeiten in Mathematik zu meistern. Es versucht, dir den Stoff der 5. und 6. Klasse zu erklären und mit einfachen Worten verständlich zu machen.

Nicht in jedem Bundesland wird der Lehrstoff in gleicher Reihenfolge angeboten. Es kann daher sein, dass du das eine oder andere Kapitel überspringen musst, um es später aufzugreifen.

Am besten, du suchst dir im Inhalts- oder Stichwortverzeichnis die Kapitel heraus, die du vertiefen möchtest oder die du im Unterricht versäumt oder nicht ganz verstanden hast und versuchst die Aufgaben selbstständig zu lösen. Manches Mal ist es mit dem Herauspicken einzelner Seiten nicht getan, denn oft liegen die Fehlerquellen weiter zurück. In diesem Fall solltest du den benötigten Abschnitt ganz durcharbeiten.

Dies ist ein Arbeitsbuch, in das du den Rechenvorgang und die Ergebnisse hineinschreiben kannst. Du solltest dir aber auch einen Notizblock und Zeichengerät zurechtlegen. Was du gerade benötigst, entnimmst du den Hinweisen am Rand des Textes oder der Aufgabe.

Wenn du meinst, das richtige Ergebnis gefunden zu haben, kannst du deinen Eintrag mit Hilfe des Lösungsteils kontrollieren. Lass dich aber nicht dazu verleiten vorher nachzuschauen, denn nur Nachdenken und selbstständiges Arbeiten führen zum Erfolg.

Und nun viel Spaß!

Herbert Hoffmann

Übrigens …
ab Seite 102 findest du einige Seiten mit Tipps und Tricks zum Lernen und zur Heftführung. Schau doch mal rein!

Benutzerhinweise

Die Rechtschreibung in diesem Band entspricht den Regelungen der Reform.

In der Randspalte findest du einige Zeichnungen immer wieder:

💡	Ein wichtiger Fachausdruck wird erklärt.	☀	Eine Zusammenfassung.
🦉	Wichtige Hinweise, Formeln, Erläuterungen.	🐴	Merkhilfe.
S	Neues Symbol oder Rechenzeichen.		

Mengen

A

1. Die Menge und ihre Elemente, Mengendiagramme

Gerda und Hans sind Geschwister. Gerda geht bereits zur Schule, Hans in den Kindergarten. Ihre Spielsachen liegen in zwei Kisten. Auf der einen steht *G*, auf der anderen *H*. Klar, die Spielsachen, die Gerda gehören, liegen in der Kiste mit dem großen *G*. Wir sagen (in der Mathematik), sie bilden **eine Menge**. Diese wollen wir *G* nennen. Und die Spielsachen, die Hans gehören, liegen in der Kiste *H*. Entsprechend wollen wir diese Menge mit *H* kennzeichnen.

G = Menge der Spielsachen, die Gerda gehören.
H = Menge der Spielsachen, die Hans gehören.

Damit haben wir die Darstellung einer Menge in **beschreibender** Form kennen gelernt.

Werfen wir einen Blick in die beiden Kisten:

In der Zeichnung haben wir die Kiste *G* durch eine geschlossene Linie ersetzt. „Verpacke" in gleicher Weise auch die Spielsachen, die Hans gehören!

Aufgabe A1

Mit einer solchen geschlossenen Linie, mit der zusammengehörende Dinge, zum Beispiel Spielsachen, verpackt werden, wird ein **Mengendiagramm** dargestellt.

Wir wollen die Spielsachen aufzählen, die Hans gehören: ein Auto, ein Hammer, eine Laubsäge, eine Gummipuppe, eine Spritzpistole.

Nun wollen wir die Menge *H* in **aufzählender Schreibweise** angeben. Dazu verwenden wir als Verpackung zwei geschweifte Klammern:

H = {*Auto, Hammer, Laubsäge, Gummipuppe, Spritzpistole*}

Gerda hat einen kleinen Teddy, ein Quartett und einen Malkasten.

G = {*Teddy, Quartett, Malkasten*}

Jedes einzelne aufgeführte Spielzeug ist ein **Element** der Menge *G* bzw. *H*.

Du siehst, man kann Mengen auf drei Arten aufschreiben:

1. Zunächst hast du die **beschreibende Form** kennen gelernt. Hierbei wird die Menge durch die Angabe der gemeinsamen Eigenschaften aller Elemente beschrieben, zum Beispiel:

   > *S* = Menge aller Schülerinnen und Schüler deiner Klasse
   > *A* = Menge aller Vokale (Selbstlaute)

2. Dann hast du das **Mengendiagramm** kennen gelernt. Hierbei werden in einer Zeichnung die Elemente durch eine Linie wie mit einer Schleife zusammengefasst, zum Beispiel:

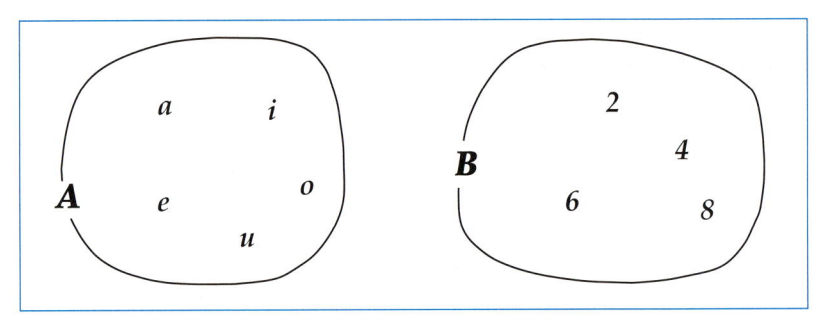

   A: a, i, e, o, u
   B: 2, 4, 6, 8

3. Und als Letztes hast du die **aufzählende Schreibweise** kennen gelernt. Hierbei werden die Elemente in aufzählender Form aufgeschrieben, also:

   > *A* = {*a, e, i, o, u*}
   > *M* = {*München, Mannheim, Minden, Magdeburg*}

Gerda schaut die Menge ihrer Spielsachen an und denkt, dass der Malkasten für sie am wichtigsten sei. Sie ordnet die Spielsachen um und setzt den Malkasten an die erste Stelle:

G = {*Malkasten, Teddy, Quartett*}

Schau die aufgezählten Spielsachen in der Klammer gut an. Vergleiche mit der Menge *G* zuvor!

Du siehst, es sind die gleichen Spielsachen; an der Menge G hat sich nichts geändert.

Die Reihenfolge, in der die Elemente einer Menge aufgezählt werden, ist nicht entscheidend.

Um beim Aufzählen der Elemente Platz und Zeit zu sparen, ersetzen wir die Spielsachen durch den (kleinen) Anfangsbuchstaben. Wir schreiben t für *Teddy*, q für *Quartett*, m für *Malkasten*.

Die Mengen G und H sehen jetzt so aus:

$G = \{t, q, m\}; \quad H = \{a, h, l, g, s\}$

Diese Buchstaben wollen wir auch an Stelle der gezeichneten Spielsachen verwenden. Zeichne das Mengendiagramm für H fertig!

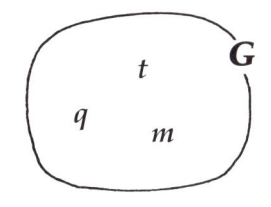

Aufgabe A2

Im folgenden Beispiel werden Buchstaben zusammengenommen, so entstehen die Mengen: $\{a, b, c, d\}$, $\{m, l, f\}$, $\{n, e\}$, $\{h, j, k, g\}$, $\{i\}$. Zeichne die Mengendiagramme für diese Mengen ein:

Aufgabe A3

Wie du am Beispiel $\{i\}$ erkennen kannst, gibt es auch Mengen mit einem einzigen Element.

Gerda merkt, dass Hans sie necken will. Sie lacht. Ihr Bruder hat, auch wenn er das Auto mehrfach aufzählt, nur ein einziges Spielzeugauto, nur einen Hammer usw. Die Anzahl der Elemente einer Menge ändert sich nicht, wenn ein Einzelnes mehrfach genannt wird. Die Menge bleibt die gleiche. Man schreibt daher jedes Element **nur einmal** auf.

Denke daran bei folgender Beispielaufgabe:

Wir wollen in aufzählender Schreibweise die Menge Q aus den Buchstaben des Wortes *ANNA* bilden.
Es sind dies *A* und *N*, anschließend kommen diese Buchstaben in umgekehrter Reihenfolge noch einmal vor: *N, A*. Somit werden zu dem Wort *ANNA* nur zwei Buchstaben verwendet. Es ist also $Q = \{A, N\}$

Jetzt soll die Menge *R*, diesmal aus den Buchstaben des Wortes *Anna* gebildet werden. *Anna* ist jetzt mit großen und kleinen Buchstaben geschrieben, daher unterscheiden wir *A* und *a*.
Die Menge *R* hat drei Elemente: $R = \{A, n, a\}$

Aufgabe A4

Bilde in aufzählender Schreibweise:

a) Die Menge *A* aus den Buchstaben in *Ali Baba*

   $A = $ ....

b) Die Menge *B* aus den Buchstaben des Zungenbrechers
   zweiundzwanzig zahme Zwergziegen

   $B = $ ....

c) Die Menge *C* aus dem Schüttelreim
   Als Zoologen tappen wir ratlos um ein Wappentier

   $C = $ ....

Gerda und Hans haben einen Bruder, Paul, der schon arbeitet. Wir wollen die Menge seiner Spielsachen mit *P* bezeichnen. Als Gerda und Hans Paul fragen, ob er noch Spielsachen habe, lacht Paul. Nein, er hat keine Spielsachen mehr. Seine Spielkiste mit einem großen *P* steht noch auf dem Speicher. Sie ist leer. Von der aufzählenden Schreibweise der Menge *P* bleibt nur die „Verpackung" übrig: { }

$P = \{\}$ Wir sprechen von einer **leeren Menge** und schreiben { } oder auch ∅.

Im allgemeinen Sprachgebrauch verstehen wir unter „Menge" eine „große Anzahl". Darauf kommt es in der Mathematik nicht an! Du erinnerst dich doch noch an die Menge $\{i\}$ mit einem einzigen Element. Und jetzt hast du sogar eine Menge kennen gelernt, die „leer" ist!

> Wir bilden eine Menge, indem wir die verschiedenen Elemente, die zu ihr gehören sollen, genau festlegen.
> Die Menge mit keinem einzigen Element heißt **leere Menge**.

Aufgabe A5

$A = \{1\}$ hat **ein Element**

a) Gib – wie beim Beispiel oben – die Anzahl der Elemente an:

$B = \{1, 3\}$ hat ....

$C = \{a, b, c, 5\}$ hat ....

$D = \{\}$ hat ....

$E = \{0\}$ hat ....

$F = \emptyset$ hat ....

b) Welche der obigen Beispiele sind leere Mengen? ....

Hans hat Gerdas Teddy in seine Kiste gelegt. Gerda schimpft: „Der Teddy gehört zu meinen Spielsachen!"
In der mathematischen Sprechweise hieße dies: „Der Teddy ist ein Element der Menge G".

Es ist umständlich, immer zu schreiben: „......ist ein Element der Menge ....." oder kürzer „......ist Element von ...."

Wir benutzen daher zur Abkürzung ein Zeichen: $\in$

Teddy $\in$ G (Lies: *Teddy ist Element von G*)

Wie aber schreibt man mit der gleichen Zeichensprache, dass zum Beispiel die Laubsäge nicht zur Menge G gehört? Ganz einfach: Das Zeichen $\in$ wird durchgestrichen: $\notin$

Laubsäge $\notin$ G (Lies: *Laubsäge ist nicht Element von G*)

Mengen

Aufgabe A6 Die Menge G und H sind durch Mengendiagramme gegeben. Statt die Spielsachen zu zeichnen, verwenden wir wieder die kleinen Anfangsbuchstaben:

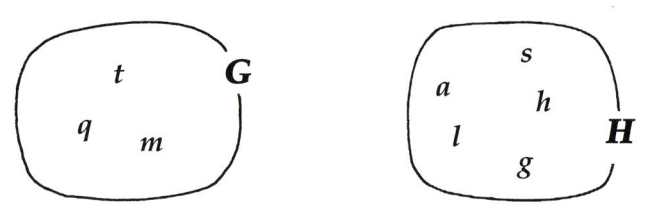

Bezeichne mit ∈ oder ∉, ob die mit Kleinbuchstaben angegebenen Spielsachen zu G bzw. H gehören oder nicht:

t .... G   q .... G   a .... G   m .... G   s .... G

a .... H   s .... H   t .... H   q .... H   l .... H

2. Schnittmenge (Durchschnitt) zweier Mengen

Am Sonntag bringt der Großvater den Kindern einen Ball mit: „Der Ball gehört euch beiden. Spielt damit und streitet nicht um ihn!"

Wir wollen die Menge der Spielsachen, die Gerda gehören, und die Menge der Spielsachen, die Hans gehören, in aufzählender Schreibweise darstellen. Beachte, dass der Ball dazugekommen ist:

G = {Ball, Teddy, Quartett, Wasserfarben}
H = {Ball, Auto, Hammer, Laubsäge, Gummipuppe, Spritzpistole}

Der Ball, den beide Kinder besitzen, ist in beiden Mengen G und H aufgeführt. Schau dir die Mengendiagramme für die Mengen G und H an: Der Ball ist gemeinsames Element der Mengen G und H.

Alle gemeinsamen Elemente zweier Mengen bilden die **Schnittmenge** (den **Durchschnitt**) dieser Mengen.

In unserem Beispiel ist die Schnittmenge {*Ball*}.

Als Abkürzung für die Schnittmenge (den Durchschnitt) setzen wir *D*. Wir schreiben:

$D = G \cap H$ (Lies: *D ist gleich G geschnitten mit H*).

Damit hast du wieder ein neues Zeichen zur Abkürzung kennen gelernt, nämlich:

$\cap$ *(geschnitten mit)*

Einige Kinder aus der Nachbarschaft kennen sich gut und spielen oft miteinander:

Aufgabe A7

Hans

Kurt

Gerda

Inge

Peter

Gerda, Hans, Kurt und Inge wohnen in der Rosengasse (Menge *R*). Peter, Kurt und Inge gehen in die gleiche Klasse (Menge *K*).

a) Trage in die Zeichnung oben die Mengendiagramme für *R* und *K* ein.

b) Schreibe die Schnittmenge (den Durchschnitt) auf:

   $R \cap K$ = ...

c) Wer geht in die Klasse von Peter und wohnt in der Rosengasse:

   ....

Mengen

Aufgabe A8 Wir haben nebenstehend die beiden Mengendiagramme noch einmal aufgezeichnet. Für die Kinder sind die kleinen Anfangsbuchstaben ihrer Namen eingesetzt.

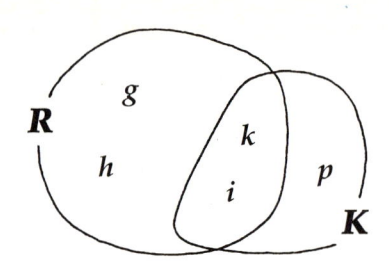

a) Schreibe auf:

R = ...

K = ...

R ∩ K = ...

b) Löse entsprechend:

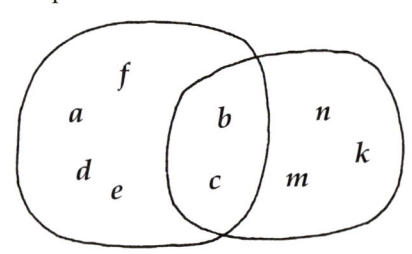

D = ...

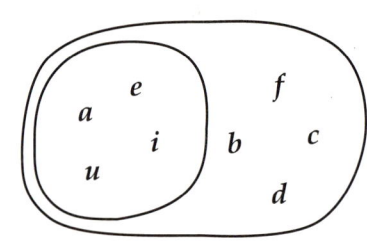

D = ...

c) Und nun Beispiele mit Zahlen:

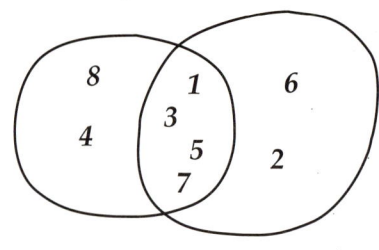

D = ...

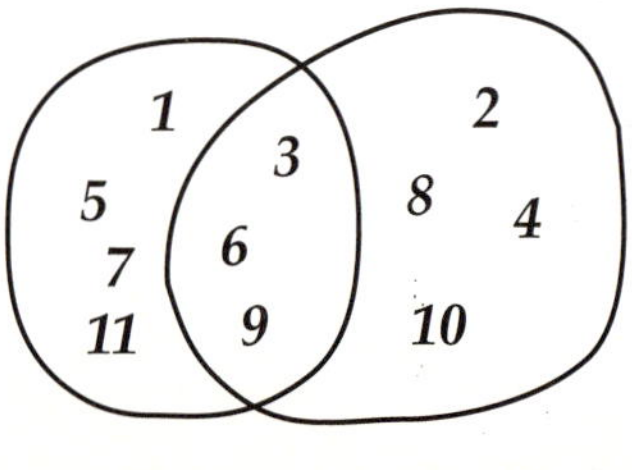

D = ...

14 Mengen

Gegeben sind die Mengen *A*, *B*, *C* und *E* in aufzählender Schreibweise: **Beispiel**

$A = \{a, e, i\}$, $B = \{a, b, c, d, e\}$, $C = \{a, e, i\}$, $E = \{b, c, e\}$

Ohne die Mengendiagramme zu zeichnen, können wir $A \cap B$ finden: Hierzu prüfen wir bei jedem Element der Menge *A* nach, ob es auch Element der Menge *B* ist:

a ist auch Element der Menge *B*, *e* ist auch Element der Menge *B*, *i* ist nicht Element der Menge *B*.

Die gemeinsamen Elemente der Mengen *A* und *B* sind also: *a* und *e*
Daraus folgt: $A \cap B = \{a, e\}$

Finde in gleicher Weise anhand der Mengen oben: **Aufgaben**
   A 9
$A \cap C = $ .... $A \cap E = $ ....

$B \cap E = $ .... $B \cap C = $ ....

Und nun mit Zahlen: **A 10**

$A = \{3, 6, 9\}$, $B = \{0, 2, 4, 6, 8\}$, $C = \{3, 6, 9\}$, $E = \{4, 6, 8, 9\}$

$A \cap B = $ .... $A \cap C = $ ....

$A \cap E = $ .... $B \cap E = $ ....

Gegeben sind die Mengen $F = \{1, 3, 5, 7\}$ und $G = \{2, 4, 6, 8, 10\}$.   **A 11**
Zeichne die Mengendiagramme ein:

```
        1                       2
           3              4         6
     5                        8
        7                       10
```

Du siehst, dass sich die Mengendiagramme nicht schneiden. Du schreibst:
$D = \{\}$ oder auch $F \cap G = \{\}$. Der Durchschnitt ist die leere Menge. Die beiden Mengen haben kein Element gemeinsam. Man nennt sie elementefremd.

Zwei Mengen, die keine Elemente gemeinsam haben, heißen **elementefremd**. Ihre Schnittmenge ist leer.

Mengen **15**

Aufgabe A12 Stelle fest, ob die angegebenen Mengen elementefremd sind. Kreuze die richtige Antwort an:

	elementefremd ja	nein		elementefremd ja	nein
{1, 3}, {2, 4}	☐	☐	{7, 8, 9}, {4, 5, 6}	☐	☐
{o, u}, {b, u, n, t}	☐	☐	{h, a, l, t}, {e, c, h, o}	☐	☐
{g, e, o}, {m, a, t, e}	☐	☐	{e, i, l}, {a, u, t, o}	☐	☐

3. Vereinigungsmenge zweier Mengen

Der Ball gehört den Kindern gemeinsam, daher sehen die Mengen G und H so aus:

G = {Ball, Teddy, Quartett, Wasserfarben}
H = {Ball, Auto, Hammer, Laubsäge, Gummipuppe, Spritzpistole}

Vor dem Schlafengehen gab es Streit: Jedes der Kinder wollte den Ball, der beiden gemeinsam gehörte, in seine Kiste legen. Da sagte die Mutter: „Legt doch die Spielsachen zusammen. Ich gebe euch eine große Kiste."

Die Menge der Spielsachen, die in die große Kiste kommen, nennen wir V.

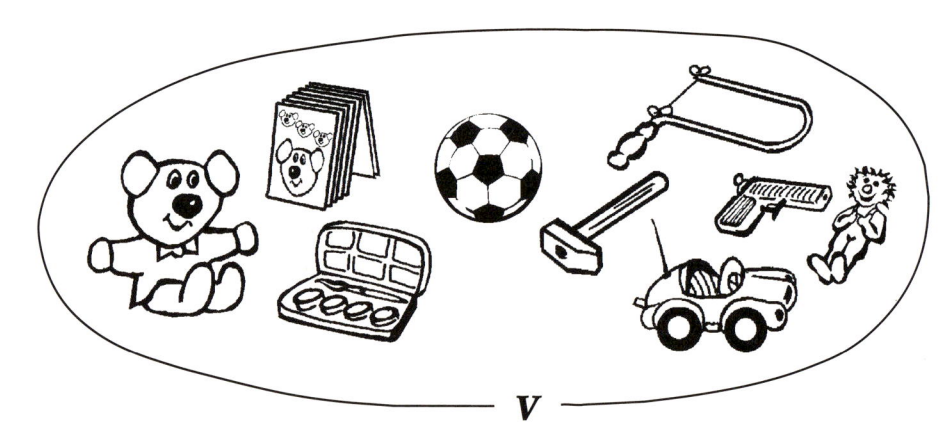

Aufgabe A13 Zeichne die Mengendiagramme für G und H in V ein!
Die Menge V ist aus der Vereinigung der Mengen G und H entstanden:

V = {Ball, Teddy, Quartett, Wasserfarben, Auto, Hammer, Laubsäge, Gummipuppe, Spritzpistole}

> Die Menge V, die wir aus allen Elementen zweier Mengen (im Beispiel G und H) bilden, heißt **Vereinigungsmenge**.

Wir schreiben:

V = G ∪ H (Lies: **V** ist gleich **G** vereinigt mit **H**)

Damit hast du wieder ein neues Zeichen zur Abkürzung kennen gelernt:

∪ (vereinigt mit)

> Stell dir vor, ∪ ist eine Tasse. Ist sie oben offen (∪), passt alles hinein, ist sie oben geschlossen (∩), rutscht Überflüssiges seitlich weg.

„Ich brauche die Schale und das Körbchen", sagt die Mutter zu Gerda. „Lege bitte alles auf einen Teller."

Auf dem Teller liegt jetzt die Vereinigungsmenge **V = K ∪ S**.

Aufgabe A14

Gerda hat die Banane, eine Orange, den Apfel, die Melone und den Pfirsich auf den Teller gelegt.

a) Trage die Anfangsbuchstaben der Früchte mit kleinen Buchstaben in die Mengendiagramme **K** und **S** ein:

b) Zeichne jetzt auch das Mengendiagramm für **V** ein!

c) Ergänze die Aufzählungen:

 K = {b, ...} **S** = ... **V** = ...

Aufgabe A15

a) Zeichne die Mengendiagramme für die Vereinigungsmengen **V** ein und schreibe die Elemente der Mengen **V** auf:

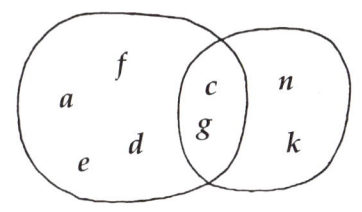

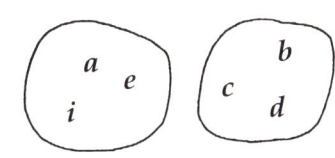

V = ... **V** = ...

Mengen 17

b) Und nun zwei Beispiele mit Zahlenmengen:

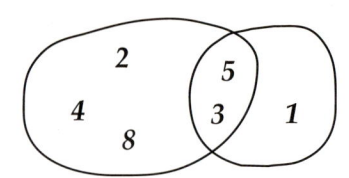

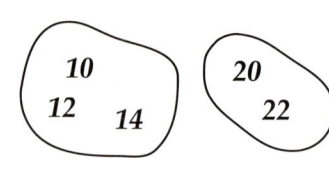

V = ...   V = ...

Beispiel Gegeben sind die Mengen A, B, C und E in aufzählender Schreibweise:

$A = \{a, e, i\}$, $B = \{a, b, c, d, e\}$, $C = \{a, e, i\}$, $E = \{b, c, e\}$

Man kann die Vereinigungsmenge $A \cap B$ auch bilden, ohne dass das Mengendiagramm gezeichnet wird. Du schreibst zunächst:

$A \cup B = \{$ Dann trägst du zuerst die Elemente von A ein:

$A \cup B = \{a, e, i$ Dann nimmst du die Elemente von B. Solche Elemente, die du schon als Elemente von A aufgeschrieben hast, darfst du nicht noch einmal eintragen:

$A \cup B = \{a, e, i, b, c, d\}$

Aufgaben

A16 Bilde mit den Mengen A, B, C und E aus dem gezeigten Beispiel die Vereinigungsmengen:

$A \cup C =$ .... $A \cup E =$ ....

$B \cup C =$ .... $B \cup E =$ ....

A17 Und nun mit Zahlen:

$A = \{3, 6, 9\}$, $B = \{0, 2, 4, 8\}$, $C = \{3, 6, 9\}$, $E = \{4, 6, 8, 9\}$

$A \cup B =$ .... $A \cup C =$ ....

$A \cup E =$ .... $B \cup E =$ ....

A18 Wenn du magst, haben wir noch ein paar Beispiele, die dir helfen sollen, dein Wissen zu vertiefen:

$\{1, 3, 5\}, \{2, 4, 6\}$ $D =$ .... $V =$ ....
$\{b, u\}, \{b, u, n, t\}$ $D =$ .... $V =$ ....
$\{g, e, o\}, \{m, a, t, h, e\}$ $D =$ .... $V =$ ....
$\{h, a, t\}, \{h, a, t\}$ $D =$ .... $V =$ ....
$\{3, 5, 9\}, \{5\}$ $D =$ .... $V =$ ....
$\{7, 8\}, \{\}$ $D =$ .... $V =$ ....

Mengen

4. Differenzmenge oder Restmenge zweier Mengen

Einige Spielsachen befinden sich in der Kiste:

$A = \{Ball, Teddy, Quartett, Auto, Hammer, Laubsäge, Gummipuppe\}$

Hans nimmt den Ball, den Teddy und sein Auto heraus.

$B = \{Ball, Teddy, Auto\}$

Er rennt in den Garten, um zu spielen.

Aufgabe A19

Zeichne die Mengendiagramme für *A* und *B* ein. Wie du siehst, bleibt in der Kiste eine Menge *R* der Spielsachen ohne Ball, Teddy und Auto zurück. Zähle die Elemente der Menge *R* auf:

$R = $ ....

In dieser Aufzählung hast du die Menge *R* erhalten, indem du alle Elemente der Menge *A* ohne die Elemente der Menge *B* aufgeschrieben hast.

R heißt die **Restmenge** oder **Differenzmenge** der Mengen *A* und *B*.

Wir schreiben:

$R = A \setminus B$ (Lies: *R ist gleich A ohne B*)

Damit hast du erneut ein Zeichen zur Abkürzung kennen gelernt:

$\setminus$ *(ohne)*

Mengen

Aufgabe A 20

Wir haben die beiden Mengendiagramme *A* und *B* für dich vorbereitet. *A* ist die Menge aller Spielsachen, *B* die Menge derjenigen, die Hans mitgenommen hat. Trage die Anfangsbuchstaben der Spielsachen mit kleinen Buchstaben in die Zeichnung ein:

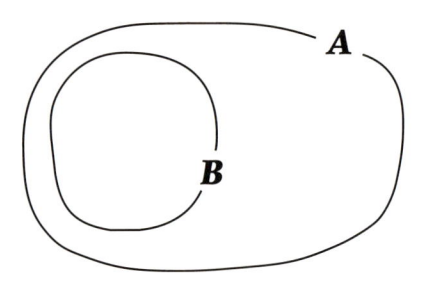

Lies ab und schreibe auf:

A = ...

B = ...

$A \setminus B$ = ...

Die **Differenzmenge (Restmenge)** *A* ohne *B* erhält man, wenn man die Elemente der Menge *A* ohne die Elemente der Menge *B* aufschreibt.

Aufgabe A 21

a) Zum Üben zwei Beispiele:

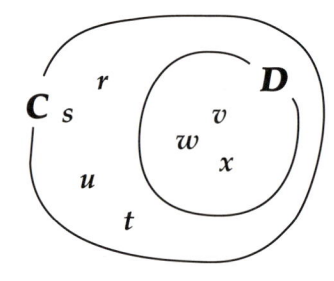

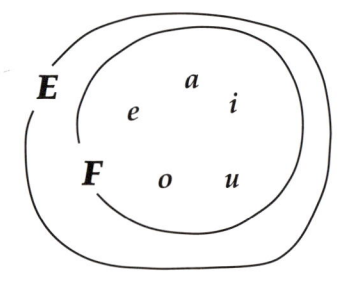

C: r, s, u, t
D: v, w, x

E: a, i, e, o, u
F: o, u

$C \setminus D$ = ...

$E \setminus F$ = ...

Beachte $E \setminus F$!

Differenzmenge kann auch die leere Menge sein!

b) Und nun auch mit Zahlen:

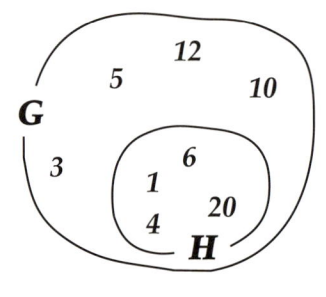

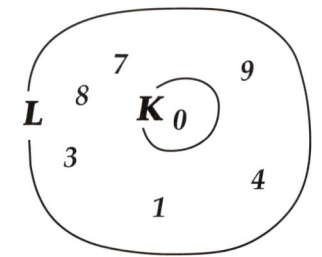

G: 5, 12, 10, 3
H: 6, 1, 4, 20

L: 7, 8, 9, 3, 1, 4
K: 0

$G \setminus H$ = ...

$L \setminus K$ = ...

Gegeben sind die Mengen *M*, *A*, *B*, *C* und *D* in aufzählender Schreibweise:

$M = \{a, b, c, d, e, f, g, h, i, o, u\}$

$A = \{a, b, d, f, g\}$ $\qquad B = \{a, e, i, o, u\}$

$C = \{b, c, d, e, f, g, h, i, u\}$ $\qquad D = \{\}$

Beispiel

Man kann die Differenzmenge (Restmenge) $M \setminus A$ auch bilden, ohne dass die Mengendiagramme gezeichet werden. Hierzu schreibst du zunächst alle Elemente der Menge *M* auf:

$a, b, c, d, e, f, g, h, i, o, u$

Anschließend streichst du in dieser Aufzählung alle Elemente durch, die auch in der Menge $A = \{a, b, d, f, g\}$ enthalten sind:

$\cancel{a}, \cancel{b}, c, \cancel{d}, e, \cancel{f}, \cancel{g}, h, i, o, u$

Die verbliebenen, nicht durchgestrichenen Elemente ergeben die Menge:

$M \setminus A = \{c, e, h, i, o, u\}$

Aufgabe A22

Schreibe die Elemente der Menge *M* auf ein gesondertes Blatt und löse die Aufgaben:

$M \setminus B =$ .... $\qquad M \setminus C =$ ....

$M \setminus D =$ ....

Nun vertauschen wir bei dem vorhergehenden Beispiel *A* und *M*: $A \setminus M$
Dazu schreiben wir zuerst die Elemente der Menge *A* auf: a, b, d, f, g

Nun streichen wir in der Aufzählung die Elemente durch, die auch in der Menge *M* enthalten sind: $\cancel{a}, \cancel{b}, \cancel{d}, \cancel{f}, \cancel{g}$ und erhalten: $A \setminus M = \{\}$

Wir vergleichen: $M \setminus A = \{c, e, h, i, o, u\}$; $A \setminus M = \{\}$

Wir erkennen:

Die Restmenge zweier Mengen ist in der Regel nicht dieselbe, wenn die beiden Mengen vertauscht werden.

Mengen

Aufgaben

A 23 Gegeben sind die Mengen:

$B = \{a, e, i, o, u\}$, $C = \{b, c, d, e, f, g, h, i, u\}$, $D = \{\}$

Nimm zur Lösung der folgenden Aufgaben ein gesondertes Blatt. Trage die Ergebnisse hier ein:

$B \setminus C =$ .... $C \setminus B =$ ....

$B \setminus D =$ .... $D \setminus B =$ ....

A 24 Und nun mit Zahlen:

$P = \{1, 2, 3, 4, 5, 6, 7, 8, 9, 10, 11, 12\}$ $E = \{1, 2, 4, 6, 8, 9, 10, 12\}$

$F = \{3, 6, 9, 12\}$

G = Menge aller geraden Zahlen (durch 2 teilbar)

U = Menge aller ungeraden Zahlen

$P \setminus E =$ .... $P \setminus F =$ ....

$P \setminus G =$ .... $P \setminus U =$ ....

$E \setminus F =$ .... $F \setminus E =$ ....

5. Teilmengen, gleiche Mengen

Gerda feiert ihren Geburtstag. Sie lädt einige Kinder aus ihrer Klasse ein. Neben Gerda und Hans sind auch noch Ute, Günter und Elke anwesend:

Das Mengendiagramm zeigt dir: $O = \{Gerda, Hans, Ute, Günter, Elke\}$
$T = \{Ute, Günter, Elke\}$

Du siehst, dass alle Elemente der Menge T auch Elemente der Menge O sind. Man sagt, T ist eine **Teilmenge** von O. Genauso gut kann man auch sagen, T ist eine **Untermenge** von O. Andererseits ist O eine **Obermenge** zu T.

> T ist eine **Teilmenge** (**Untermenge**) der Menge O, wenn jedes Element der Menge T auch Element der Menge O ist. O wird **Obermenge** zu T genannt.

Stelle fest, ob die angegebene Menge Teilmenge (Untermenge) oder Obermenge ist. Trage „Teilmenge" bzw. „Obermenge" ein.

Aufgabe A 25

a) *M* = Menge der Kinder, die in München wohnen
   B = Menge der Bewohner Bayerns

   M ist .... von *B*

   B ist .... von *M*

b) *A* = {*a, e, i, o, u*}   *E* = {*e*}

   A ist .... von *E*

   E ist .... von *A*

Für den Ausdruck *ist Teilmenge von* gibt es ebenfalls eine abgekürzte Schreibweise:

   T ⊂ *O*   (Lies: *T ist Teilmenge (Untermenge) von O*).

Beachte: Die „größere" Obermenge steht bei der Öffnung!

Wenn die Obermenge links steht, ist auch die Öffnung des verwendeten Zeichens nach links gerichtet.

   O ⊃ *T*   (Lies: *O ist Obermenge von T*).

Ein anderes Beispiel:

   O = {*Gerda, Hans, Günter, Ute, Elke*}

   M = {*Ute, Elke, Ingrid, Petra*}

Petra und Ingrid sind Elemente der Menge *M*, aber in *O* nicht enthalten. Damit ist *M* keine Teilmenge der Menge *O*. Wir haben dafür auch ein Zeichen:

   M ⊄ *O*   (Lies: *M ist nicht Teilmenge (Untermenge) von O*).

Entsprechend gilt auch:

   O ⊅ *M*   (Lies: *O ist nicht Obermenge von T*).

Mengen

Aufgaben

A 26 Schau dir das Mengendiagramm für *P* an. Die eingetragenen Elemente sind diesmal Zahlen. Einige dieser Zahlen sind gerade, das heißt durch 2 teilbar. Wir fassen sie als Teilmenge *T* zusammen.

Zeichne das Mengendiagramm für *T* ein und gib *T* auch in aufzählender Schreibweise an:

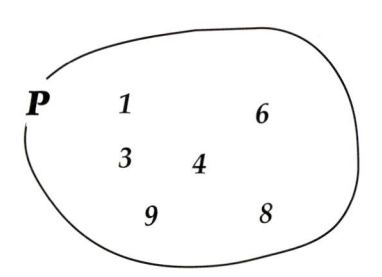

P 1 6   *T* = ...
  3 4
   9 8

A 27 In der Zeile unter den folgenden Abbildungen wurden die Zeichen ⊂, ⊃, ⊄ vergessen. Trage sie nach.

E .... *Z*   *M* .... *A*   *R* .... *S*

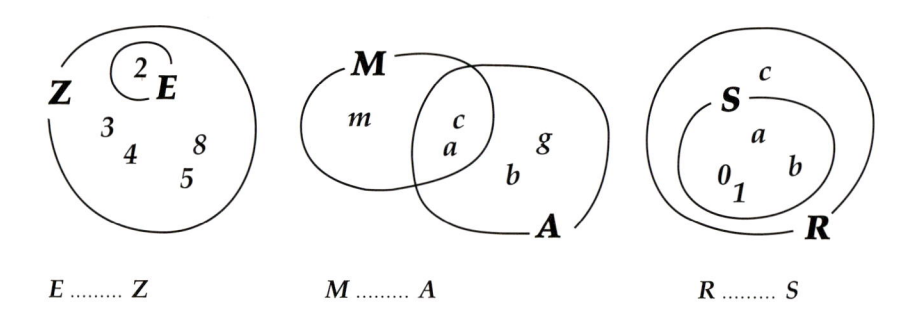

Beispiel Gegeben sind die Mengen *A* = {*a, e, i, o, u*} und *U* = {*e, i, n, u*}.

Wir wollen ohne Mengendiagramme prüfen, ob *U* eine Teilmenge von *A* ist. Hierzu prüfen wir der Reihe nach, ob die Elemente der Menge *U* zugleich auch Elemente der Menge *A* sind:

e ist auch Element der Menge *A*, du erinnerst dich:	*e* ∈ *A*
i ist ebenfalls Element der Menge *A*,	*i* ∈ *A*
n ist nicht Element der Menge *A*,	*n* ∉ *A*

infolgedessen kann *U* nicht Teilmenge von *A* sein. Die Untersuchung der restlichen Elemente von *U* erübrigt sich daher: *U* ⊄ *A*

Gegeben ist die Obermenge A = {a, e, i, o, u}. Trage in den folgenden Zeilen die Zeichen ⊂ bzw. ⊄ ein:

Aufgabe A28

{a} .... A   {a, e} .... A   {i, n} .... A

{b, c, d} .... A   {u, i, e} .... A

> Für die Obermenge *A* der Aufgabe A 28 braucht man bei
> {a} ⊂ A   das Zeichen ⊂, denn {a} ist eine Menge (mit nur einem Element), bei
> a ∈ A   das Zeichen ∈, denn *a* ist ein Element.

Die Zeichen ⊂ und ⊄ dürfen nur zwischen zwei Mengen gesetzt werden, ∈ und ∉ hingegen zwischen einem Element und einer Menge.

Jetzt bist du sicher in der Lage zu testen, ob du die Zeichen ⊂, ⊄, ∈ und ∉ richtig einsetzen kannst. Trage das passende Zeichen ein. B = {1, 2, 3, 4, 5, 6}

Aufgaben A29

{1, 2} .... B   a .... B   {5, 6, 7} .... B

1 .... B   {a, 1} .... B   6 .... B

{a, b} .... B   0 .... B   {6} .... B

Auch bei den folgenden Aufgaben sollst du entscheiden, welches Zeichen einzusetzen ist: ⊂, ⊄, ∈ oder ∉.

A30

e ...... {l, e, g, o}   13 ...... Menge der geraden Zahlen

Ball ...... H (Menge der Spiel-   {1, 2, 3, 4} ...... Menge der geraden
sachen von Hans)   Zahlen

Wal ...... Menge der Säugetiere   Tanne ...... Menge der Nadelbäume

{Auto, Moped} ...... Menge der   t ...... Menge der Buchstaben des
Fahrzeuge   Wortes *witzig*

Puma ...... {Tiger, Löwe, Braunbär}

{2, 4, 6} ...... Menge der geraden   {i, w, t, z} ...... Menge der Buchstaben
Zahlen   des Wortes *witzig*

Mengen   25

Die Kinder feiern Geburtstag:

O ist die Menge aller anwesenden Kinder, K die Menge der Kinder, die ein Stück Kuchen haben.

O = {Hans, Gerda, Günter, Elke, Ute}
K =   {Gerda, Günter, Elke, Ute}

K ist somit Teilmenge der Menge O, $K \subset O$

Auf Drängen der Kinder nimmt auch Hans ein Stück Kuchen. Alle freuen sich und lassen es sich schmecken.

Jetzt gehört auch Hans zur Menge K.

O = {Hans, Gerda, Günter, Elke, Ute}
K = {Hans, Gerda, Günter, Elke, Ute}

K ist nach wie vor eine Teilmenge von O. Zugleich stellen wir fest, dass die Menge K in allen einzelnen Elementen mit der Menge O übereinstimmt, obwohl beide Mengen mit unterschiedlichen Vorschriften festgelegt wurden.

K = die Menge aller Kinder, die bei der Geburtstagsfeier ein Stück Kuchen essen.

O = die Menge aller bei der Geburtstagsfeier anwesenden Kinder.

Wir stellen fest, die beiden Mengen sind **gleich** und schreiben:

K = *O*   (Lies: *K gleich O*)

> Zwei Mengen heißen gleich, wenn sie in allen Elementen übereinstimmen.

An der Tatsache, dass *K* auch eine Teilmenge von *O* ist (*K* ⊂ *O*), hat sich jedoch nichts geändert. Du merkst dir also:

Jede Menge ist auch Teilmenge von sich selbst.

In Fällen, in denen bereits bekannt ist, dass die Teilmenge der gegebenen Obermenge **gleich sein kann**, fassen wir die Zeichen zusammen:

K ⊆ *O*   (Lies: *K gleich oder Teilmenge von O*)

> In Fällen, in denen die Gleichheit auszuschließen ist (nur ⊂), sprechen wir von einer **echten Teilmenge**.

Schau dir das folgende Mengendiagramm für *P* an. Wir setzen eine Teilmenge *U* so fest, dass sie alle Zahlen der Menge *P* enthält, die kleiner als 10 sind.

Aufgaben
A 31

a) Trage das Mengendiagramm für *U* ein.
b) Setze nachfolgend das richtige Zeichen ein, ⊂ oder ⊆.

U .... *P*

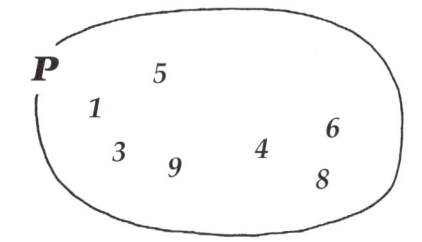

In der Zeile unter den Diagrammen wurden die Zeichen ⊄, ⊂ oder ⊆ vergessen. Trage sie nach.

A 32

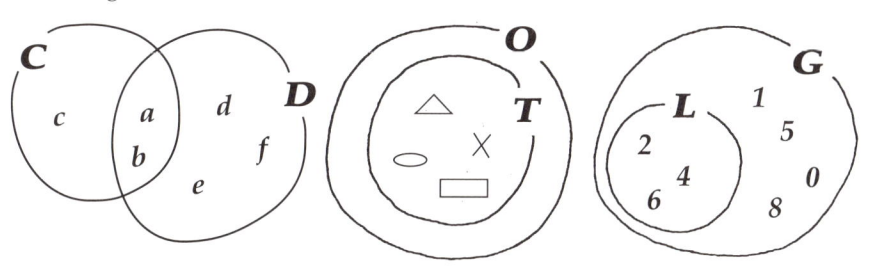

C ...... *D*   *T* ...... *O*   *L* ...... *G*

Mengen   27

Beispiel Wir wollen feststellen, ob die Mengen
$A = \{0, 1, 3, 2\}$ und $B = \{3, 0, 2, 4\}$ gleich sind.

Hierzu prüfen wir nach, ob jedes der vier Elemente der Menge B auch eines der vier Elemente der Menge A ist:

3 ist auch Element der Menge A, $3 \in A$
0 ist auch Element der Menge A, $0 \in A$
2 ist auch Element der Menge A, $2 \in A$
4 ist nicht Element der Menge A, $4 \notin A$

Die beiden Mengen sind daher nicht gleich.

Aufgabe A 33

a) Kreuze die Mengen an, die der Menge $A = \{0, 1, 3, 2\}$ gleich sind:

$B = \{1, 3, 5, 2\}$ ☐ $C = \{1, 3, 0, 2\}$ ☐
$D = \{0, 1, 3, 4\}$ ☐ $E = \{2, 1, 3, 0\}$ ☐
$F = \{5, 3, 1, 2\}$ ☐ $G = \{2, 0, 1, 3\}$ ☐

b) Kreuze die Teilmengen der Menge $A = \{0, 1, 3, 2\}$ an:

$\{0, 1, 4\}$ ☐ $\{2, 3, 1, 0\}$ ☐ $\{20, 31\}$ ☐
$\{0\}$ ☐ $\{0, 3, 4\}$ ☐ $\{3, 1, 0\}$ ☐

c) Kreuze die echten Teilmengen der Menge $R = \{t, o, r, a, u\}$ an:

$\{r, o, t\}$ ☐ $\{u\}$ ☐ $\{a, t, u, r, o\}$ ☐
$\{t, u, r, w\}$ ☐ $\{t, o, s\}$ ☐ $\{a, u, t, o\}$ ☐

6. Die Aussage, Grundmenge, Lösungsmenge

Wir wollen uns noch etwas in der Geburtstagsrunde umsehen. Elke und Günter tragen Jeans.

Aufgabe A 34

a) Wir bezeichnen die Menge der Gäste mit G = {*Elke*, *Günter*, *Ute*} und die Menge der Jeansträger mit L. Trage das Mengendiagramm für L ein.

b) Mit den Mengendiagrammen für G und L kannst du leicht feststellen, welche der folgenden Aussagen wahr sind. Trage *wahr* bzw. *falsch* ein.

Elke trägt Jeans: .... Ute trägt Jeans: ....

Günter trägt Jeans: ....

Aussagen sind wahr oder falsch.

Aufgabe A 35

Kreuze an, ob nachfolgende Aussagen wahr oder falsch sind:

	wahr	falsch
Wien ist die Hauptstadt Italiens.	☐	☐
6 ist eine gerade Zahl.	☐	☐
Ein Nebenfluss der Donau ist der Inn.	☐	☐
6 ist um 5 größer als 3.	☐	☐
Paris liegt an der Elbe.	☐	☐
München liegt in Bayern.	☐	☐
Köln hat weniger als 10 000 Einwohner.	☐	☐

☐ *trägt Jeans* hat zwar schon die Form einer Aussage, aber du weißt nicht, ob sie wahr oder falsch ist, denn an der Stelle des Namens hast du nur ein leeres Kästchen. Einen solchen unfertigen Satz nennt man in der Mathematik eine **Aussageform**.

Die Einsetzungen für obige Aussageform entnehmen wir der

Grundmenge G = {*Ute*, *Günter*, *Elke*} und erhalten für die

Lösungsmenge L = {*Elke*, *Günter*} wahre Aussagen.

Beispiel

In einem weiteren Beispiel soll die Lösungsmenge L aus einer gegebenen Grundmenge gefunden werden für die Aussageform:

☐ *ist Hauptstadt Italiens.* G = {**Bonn**, **London**, **Rom**, **Paris**}

Eingesetzt erhältst du der Reihe nach folgende Aussagen:

Bonn ist Hauptstadt Italiens.	**Falsch!**
London ist Hauptstadt Italiens.	**Falsch!**
Rom ist Hauptstadt Italiens.	**Wahr!**
Paris ist Hauptstadt Italiens.	**Falsch!**

Rom ergibt hier die einzige wahre Aussage. Die Lösungsmenge L = {**Rom**} hat diesmal nur ein Element.

Mengen

Wir erkennen:

> Alle Elemente der Grundmenge, die in die Aussageform eingesetzt eine wahre Aussage ergeben, bestimmen die Lösungsmenge **L**.

Gelegentlich wird die Lösungsmenge deshalb auch **Erfüllungsmenge** genannt.

Aufgaben

A 36 Bestimme die Lösungsmenge L für die Aussageform

a) ⎣⎦ *ist ein Haustier* aus der Grundmenge

$G = \{Hund, Bär, Wolf, Katze, Tisch, Adler\}$

L = ...

b) ⎣⎦ *wächst im Garten* aus der Grundmenge

$G = \{Ball, Gras, Löwenzahn, Teddy, Löwe, Rose, Stuhl, Nelke\}$

L = ...

A 37 Bei einem Spiel haben Gerda, Ute und Elke Spielkarten mit Buchstaben gemischt. Günter erklärt das Spiel:
„Legt die Karten mit einem Vokal (Selbstlaut) heraus. Wer die meisten Karten mit Vokalen hat, der ist Sieger."
Die Karten, welche die Kinder in der Hand haben, findest du in den Mengendiagrammen:

Gerda: G {m, a, h, i, g}

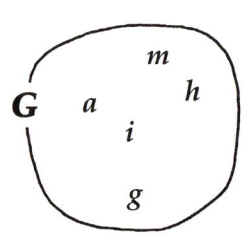

Ute: G {k, b, e, d, f}

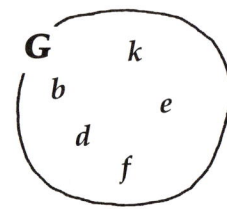

Elke: G {a, e, i, o, u}

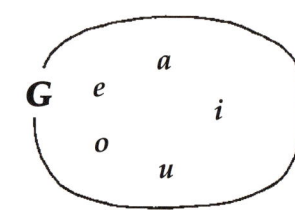

a) Zeichne jetzt für jedes Kind in das Mengendiagramm die Teilmenge L der Vokale ein.
b) Trage anschließend zu jeder Grundmenge G auch die Lösungsmenge L ein.

Gerda: *G* = ...   *L* = ...

Ute: *G* = ...   *L* = ...

Elke: *G* = ...   *L* = ...

c) Wer hat gewonnen?   Gewonnen hat ....

Bei den Teilnehmern am Spiel erkennst du, dass die Lösungsmengen *L* in Abhängigkeit von *G* unterschiedlich sein können, sogar *L* = *G* ist möglich.

> **Die Lösungsmenge einer Aussageform hängt davon ab, welche Grundmenge gegeben ist.**

d) An dem Spiel mit den Karten will sich jetzt auch Günter beteiligen. Er ist entsetzt! Seine Karten sind: *G* = {*b*, *c*, *m*, *p*, *r*}

Er kann keine einzige Karte mit einem Selbstlaut herauslegen.
Für ihn ist die Lösungsmenge *L* = ...

> **Lösungsmenge kann auch die leere Menge sein.**

Wir haben bisher in den Aussageformen die „leeren Stellen" mit einem ⬜ gekennzeichnet und dann die Elemente der Grundmenge eingetragen. ⬜ wird daher **Platzhalter** genannt.

> **In der mathematischen Fachsprache heißen die Platzhalter meist Variable.**

Es ist zulässig und meist einfacher, auch andere Zeichen für die Leerstelle zu verwenden, etwa statt dem ⬜ ein *x* oder *y* oder einen anderen Buchstaben oder auch ein Zeichen wie △ .

So schreiben wir statt   ⬜   *spielt mit dem Teddy*

auch   *x*   *spielt mit dem Teddy*.

Noch ein paar Beispiele für Aussageformen:

n ist größer als 3,   △ ist das Doppelte von 5,   7 + *y* = 10

Mengen   **31**

Aufgaben
A38 Für die folgenden Aussageformen nimmst du jeweils die Grundmenge
$G = \{a, b, c, e, o, u, r\}$.

x ist ein Konsonant (Mitlaut). $L = $ ....

x ist ein Buchstabe, der in dem
Wort **Freude** vorkommt. $L = $ ....

x ist ein Buchstabe, der in dem
Wort **Haus** vorkommt. $L = $ ....

x ist eine Zahl. $L = $ ....

A39 Bestimme abschließend die Lösungsmenge L aus der Grundmenge
$G = \{1, 4, 6, 3, 11\}$ für folgende Aussageformen:

x ist eine ungerade Zahl. $L = $ ....

y ist eine durch 3 (ohne Rest)
teilbare Zahl. $L = $ ....

u ist größer als 3. $L = $ ....

$7 + n = 10$ $L = $ ....

z ist das Doppelte von 5. $L = $ ....

7. Geordnete Mengen, Vorgänger, Nachfolger

„Auf die Plätze, fertig, los!"
Schulsportfest. Aus der Klasse 5A starten für den 80-m-Lauf die Mädchen Inge, Gerda, Anni, Rosi und Elke.

Rosi läuft als Erste durch das Ziel, ihr folgt Anni, dann in einigem Abstand Elke, schließlich Inge und am Schluss Gerda. Wir tragen die Läuferinnen in dieser Reihenfolge in die Menge M ein:

$M = \{Rosi, Anni, Elke, Inge, Gerda\}$

> Wenn zu einer Menge zusätzlich eine Vorschrift gegeben wird, die die Elemente in eine Reihenfolge bringt, nennen wir diese Menge eine **geordnete Menge**.

Vor Anni läuft Rosi durch das Ziel. In der Mathematik sagt man,

Rosi ist **Vorgänger** von Anni.

Elke folgt der Anni nach. Wir sagen diesmal:

Elke ist **Nachfolger** von Anni.

Schau dir das Bild vom Sportwettkampf an und trage Vorgänger und Nachfolger ein:

Aufgaben A 40

Vorgänger: Nachfolger:

.... *Anni* ....

.... *Elke* ....

.... *Inge* ....

.... *Rosi* ....

.... *Gerda* ....

Du hast es sicher richtig festgestellt: Rosi läuft als Erste durch das Ziel, sie hat **keinen Vorgänger**, Gerda ist die Letzte, für sie gibt es **keinen Nachfolger**.

Am Montag hat die Klasse 5B im Stundenplan: „Deutsch, Mathe, Musik, Englisch, Turnen"

A 41

a) Gib die Nachfolger an für:

   Mathe: ....   Deutsch: ....   Turnen: ....

b) Gib die Vorgänger an für:

   Englisch: ....   Deutsch: ....   Musik: ....

Mengen

Aufgabe A42 Und nun mit Zahlen zur geordneten Menge $G = \{1, 3, 4, 7, 9\}$

Vorgänger:	Nachfolger:	Vorgänger:	Nachfolger:
.... 3	.... 7 ....
.... 1	.... 9 ....

8. Die Aussageform: „größer, kleiner"

Vier Kinder der Menge *R* spielen miteinander, das Kind der Menge *P* schaut gelangweilt zu. Klar, es sind mehr Kinder, die spielen, als solche, die sich langweilen, denn:

$4 > 1$ (Lies: *4 größer 1*)

Im gezeigten Beispiel hat die Menge *R* mehr Elemente (4) als die Menge *P* (1).

Aufgabe A43 Fünf Freunde, die zusammen trainieren, haben bei einem Wettkampf in Leichtathletik die Startnummern 2, 6, 3, 4 und 8.
$G = \{2, 6, 3, 4, 8\}$

a) Wer von ihnen startet beim 100-Meter-Lauf, wenn zunächst alle Wettkämpfer aufgerufen werden, die eine größere Startnummer haben als 5?

Du erkennst rasch, die Aussageform lautet: $x > 5$
Die Lösungsmenge ist

$L = $ .... Es starten: ....

b) Beim Kugelstoßen treten alle Leichtathleten an, deren Startnummer größer als 3 ist.

x .... 3; $L = $ ....   Es treten an: ....

Mengen

Gerda will mit Günter und Ute ein neues Würfelspiel ausprobieren. Dazu benötigt man zwei Würfel. Wenn man mindestens 9 Augen gewürfelt hat, darf man beginnen und seine Figur einsetzen, also mit 10, 11 und 12 Augen – aber auch, wenn man 9 Augen gewürfelt hat. Gerda darf nicht anfangen, sie hat nur 8 Augen gewürfelt.

Die Bedingung „mindestens 9 Augen" gibt uns die Aussageform:

x ≥ 9   (Lies: *x ist größer oder gleich 9*),

denn 9 kann auch zur Lösung gehören.

Alle Augenzahlen, die man überhaupt würfeln kann, ergeben die Grundmenge: *G* = {*2, 3, 4, 5, 6, 7, 8, 9, 10, 11, 12*}. In dieser ist die Lösungsmenge zu
x ≥ 9:   *L* = {*9, 10, 11, 12*}

Bei einer Wohltätigkeitsveranstaltung hat sich Paul mehrere Lose gekauft. Sie tragen die Nummern: 12, 183, 57, 129, 66 und 19.

Aufgabe A 44

a) Hat Paul gewonnen, wenn nur Lose gewonnen haben, auf denen 100 oder eine größere Zahl steht?

   Die Aussageform lautet: *x* 100

   G = ...   *L* = ...

   Gewinne sind Pauls Lose mit den Nummern: ....

b) Hauptgewinne bringen die Lose ein, auf denen 200 oder eine größere Zahl steht. Wie viele Hauptgewinne hat Paul?

   G hast du bereits bei Teil a aufgeschrieben. Nun die Aussageform:

   x ....   und die Lösungsmenge: *L* = ...

   Paul hat .... Hauptgewinn(e).

Bei Gerdas Geburtstagsfeier spielen zwei Knaben   *K* = {*Hans, Günter*}   und drei Mädchen   *M* = {*Gerda, Elke, Ute*}   im Freien. Die Knaben (2) sind weniger als die Mädchen (3):

   2 < 3   (Lies: *2 kleiner 3*)

Mengen

Aufgabe A 45

Skilanglauf:

a) Es startet Paul mit drei Freunden. Sie kommen als 4., 5., 7. und 10. durch das Ziel. Eine Urkunde bekommt, wer vor dem 10. das Ziel erreicht.

Aussageform: .... Wer von den Vieren, Paul und Freunde, bekommt eine Urkunde?

G = ...   L = ...

Eine Urkunde bekommen die Freunde auf den .... Einlaufplätzen.

b) Auch die Eltern der Kinder machen mit. Sie kommen als 6., 12., 14., 17. und 23. durch das Ziel.
Einen Preis bekommt abends bei der Feier, wer vor dem Vierten die Ziellinie überschritten hat.

Aussageform: x ....

Wer von den Eltern, Paul und Freunden gewinnt einen Preis?

G = ...   L = ...

Einen Preis hat .... gewonnen.

Paul trainiert Hochsprung. Abends sagt er zu Hause: „Über die 2-Meter-Marke bin ich leider nicht gekommen!"

Für seine Sprungversuche gilt:

$x \leq 2$ m   (Lies: *x ist kleiner oder gleich* 2 m),

denn die 2 m hat er offenbar erreicht.

Aufgaben A 46

Es ist $G = \{0, 1, 5, 2, 4, 6, 3\}$. Gib zu der Aussageform $x \leq 3$ die Lösungsmenge an! $L = $ ....

A 47

Hans möchte Gerda zum Geburtstag ein größeres Geschenk kaufen. Er kann höchstens 30 € ausgeben.

Aussageform: ....

In einer Auslage sieht er passende Geschenke zu 5 €, 42 €, 15 €, 22 €, 41 €, 12 € und 50 €. Wie viele Geschenke bleiben ihm davon zur Auswahl?

$G = $ ....

$L = $ ....

Hans hat noch die Auswahl zwischen .... Geschenken.

A 48

Bestimme abschließend die Lösungsmenge L aus der Grundmenge $G = \{1, 3, 5, 7, 9, 11\}$ für folgende Aussageformen:

a) $x > 5, L = $ .... $x \geq 5, L = $ ....

b) $x \leq 4, L = $ .... $x < 4, L = $ ....

c) $x \geq 7, L = $ .... $x \leq 7, L = $ ....

d) $x > 7, L = $ .... $x < 7, L = $ ....

e) $x \leq 1, L = $ .... $x < 1, L = $ ....

Mengen 37

Menge der natürlichen Zahlen

1. Die natürliche Zahl

In der Klasse 5 A sind 32 Schüler: *A* = Menge der Schüler in der Klasse 5 A

Wir schreiben:

  |*A*| = 32   (Lies: *A absolut ist gleich 32*).

Das bedeutet: „Die Menge *A* hat 32 Elemente."

Die Parallelklasse 5 B (Menge *B*) besuchen ebenfalls 32 Kinder. Jetzt wissen wir, die Mengen *A* und *B* haben die gleiche Anzahl Elemente, nämlich 32.

Wir schreiben:

  |*A*| = |*B*| (Lies: *A absolut ist gleich B absolut*   oder: *A gleichmächtig B*).

Schau dir die nächste Abbildung an:

Sie zeigt verschiedene Mengendiagramme. Kannst du dir vorstellen, warum einige an die Zahl 2 und die anderen an die Zahl 3 angehängt sind? Ich will für dich antworten: Die Zahlen 2 und 3 geben die Anzahl der Elemente an! 2 und 3 sind **natürliche Zahlen**.

Die natürliche Zahl gibt die Anzahl der Elemente einer Menge an.

Aufgaben B1

Gib die Anzahl der Elemente folgender Mengen an:

Menge:	Anzahl der Elemente:
$M = \{Gerda, Hans\}$	....
$C = \{s, 3, t, u, 5, \triangle\}$	....
$D = \{0, 7, 2\}$	....
$E = \{0\}$	....
$F = \{\ \}$	....

B2

Vergleiche bei der Aufgabe B1 die Mengen E und F. Für eine von beiden gibt es keine „Stückzahl" (Anzahl) von Elementen, nämlich für .... , sie ist eine .... Menge.

0 schreibt man, wenn die Menge **keine** Elemente hat, doch für eine natürliche Zahl muss eine von null verschiedene **Anzahl** Elemente vorhanden sein:

0 ist keine natürliche Zahl.

2. Zahlenstrahl

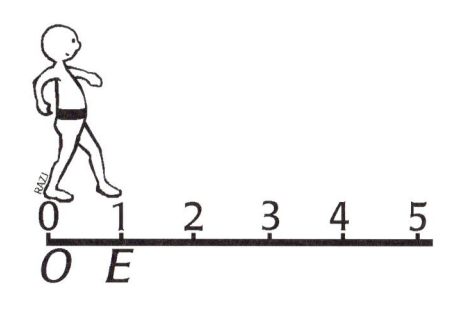

Die Abbildung zeigt einen **Zahlenstrahl**. Er beginnt mit einem Punkt O. Diesen Punkt nennen wir auch **Anfangspunkt** oder **Ursprung**. Die Entfernung von O nach **1**, wir schreiben dafür $\overline{OE}$, ist die Längeneinheit für die Schritte, welche das Männchen bei unserem Beispiel macht. Man nennt die Entfernung $\overline{OE}$ auch kurz die **Einheit** für den Zahlenstrahl, E den **Einheitspunkt**. Im Beispiel ist $\overline{OE}$ = 1 cm, miss nach!

Schau dir die Abbildung noch einmal an. Auf dem Zahlenstrahl sind die natürlichen Zahlen 1, 2, 3, 4 und 5 eingetragen. Mit jedem Schritt erreicht das Männchen die nachfolgende natürliche Zahl und das „endlos". Oder:

Jede natürliche Zahl hat einen Nachfolger.

Menge der natürlichen Zahlen

Unser Männchen möchte zurück, Schritt für Schritt zur vorausgehenden Zahl (zum „Vorgänger"). Bei **1** stutzt es: **0** ist, wie wir wissen, keine natürliche Zahl, das heißt:

Die Zahl 1 hat keinen Vorgänger.

Aufgabe B 3

Natürlich können Zahlenstrahlen auch mit einer anderen Einheit als bei unserem Beispiel gezeichnet werden. Trage die natürlichen Zahlen 1, 2, 3, 4 und – wenn es geht – auch 5 auf den folgenden Strahlen ein und nimm dazu ein Lineal mit Millimeterteilung.

a) $\overline{OE}$ = 2 cm

b) $\overline{OE}$ = 1,5 cm

Auch ohne die Einheit $\overline{OE}$ abzumessen, können auf einem gegebenen Zahlenstrahl weitere natürliche Zahlen eingetragen werden. Hierzu nimmst du den Zirkel, stichst mit der Nadelspitze in E ein und öffnest den Zirkel so weit, dass die Stiftspitze genau mit dem Punkt O übereinstimmt. Diese Entfernung $\overline{OE}$ kannst du nun Schritt für Schritt übertragen.

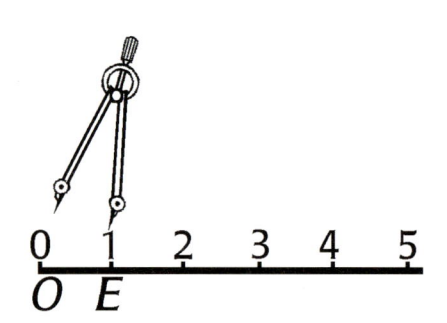

Aufgabe B 4

Trage nachfolgend mit der angegebenen Einheit $\overline{OE}$ mindestens drei aufeinander folgende natürliche Zahlen ein.

Gerda macht die Aufgabe Spaß. Sie zeichnet auf einem Blatt Papier mit dem Lineal einen Zahlenstrahl und trägt auf diesem etliche natürliche Zahlen ein. Sie entdeckt dabei: Würde das Papier ausreichen, könnte sie den Eintrag „unendlich lange" fortsetzen, da jede natürliche Zahl einen Nachfolger hat!

Menge der natürlichen Zahlen

3. ℕ und ℕ₀, endliche und nichtendliche Mengen

Alle natürlichen Zahlen fassen wir zu einer Menge zusammen. Wir kürzen diese mit ℕ ab. Wir wollen ℕ in aufzählender Schreibweise angeben. Null ist keine natürliche Zahl, wie wir bereits wissen. Daher beginnen wir mit 1.

ℕ = {*1, 2, 3, 4, 5, 6, 7, 8, 9, 10, 11*, ...}

Kannst du alle natürlichen Zahlen aufschreiben?

Nein, das ist unmöglich, denn jede natürliche Zahl hat ihren Nachfolger. Deshalb haben wir im Beispiel nach *11* auch die Pünktchen gesetzt.

> ℕ ist eine Menge, die unendlich viele Elemente hat. Sie heißt daher **nichtendliche Menge** (auch **unendliche Menge**).

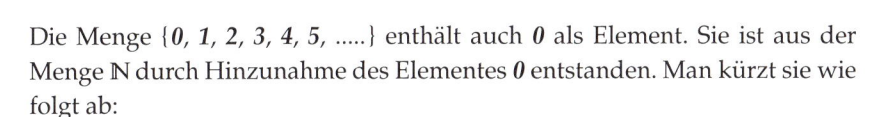

Die Menge {*0, 1, 2, 3, 4, 5*, ...} enthält auch *0* als Element. Sie ist aus der Menge ℕ durch Hinzunahme des Elementes *0* entstanden. Man kürzt sie wie folgt ab:

ℕ₀   (Lies: ℕ *einschließlich 0*)

Es ist: ℕ₀ = {*0, 1, 2, 3, 4, 5, 6, 7*, ...}

Nun wollen wir die Menge aller geraden Zahlen aufschreiben. Wir nennen diese Menge

𝔾 = {*2, 4, 6, 8, 10, 12*, ...}

Was bedeuten die Pünktchen? Klar, jede beliebige, noch so große gerade natürliche Zahl hat einen Nachfolger! Die Menge 𝔾 ist somit **nichtendlich** und eine **Teilmenge** von ℕ.

Dahingegen ist die Menge *A* = {*17, 18, 39*} endlich. Ihre Elemente sind nur natürliche Zahlen. *A* ist also eine **Teilmenge** von ℕ.

> Die Teilmengen von ℕ können endliche und nichtendliche Mengen sein.

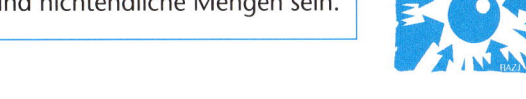

Weitere Beispiele zu Teilmengen von ℕ:

Nichtendliche:	Endliche:
{*3, 6, 9, 12, 15*, ...}	{*2, 4, 6, 8*}
{*4, 8, 12, 16, 20*, ...}	{*1, 2, 3, 4*, ... *9, 10*}
{*2, 5, 8, 11, 14, 17*, ...}	{*5, 4, 9, 10, 1*}

Menge der natürlichen Zahlen

Aufgabe B5 Stelle fest, ob die nachgenannten Mengen endliche oder nichtendliche (unendliche) Mengen sind:

	endlich	nichtendlich
Die Menge $\mathbb{U}$ aller ungeraden natürlichen Zahlen: $\mathbb{U} = \{1, 3, 5, 7, ...\}$	☐	☐
Menge aller natürlichen Zahlen, die kleiner als 10 sind	☐	☐
$\{90, 89, 88, ... 3, 2, 1, 0\}$	☐	☐
Menge aller Vielfachen von 11	☐	☐
Menge aller Zahlen, die größer als 3 sind	☐	☐
$\{7, 17, 27, 37, ...\}$	☐	☐

4. Zehnersystem (Dekadisches System)

Um ein Wort aufzuschreiben, verwendest du Buchstaben. Für Zahlen geht das auch, zum Beispiel „sieben", doch dies ist umständlich und erschwert das Rechnen sehr. Daher haben die Menschen schon vor langer, langer Zeit eine „Zahlenschrift" gesucht. Die heute von uns benutzten **Zahlzeichen** stammen von den Indern und wurden von den Arabern über Spanien nach Europa gebracht, sie heißen daher **arabische Ziffern**, kurz **Ziffern**. Die einzelnen Ziffern unterscheiden sich durch ihren Wert, so ist zum Beispiel 7 nicht gleich 9. Jede Ziffer hat ihren **Ziffernwert**, auch **Eigenwert** genannt.

1, 2, 3, 4, 5, 6, 7, 8, 9 sind Ziffern. Sie haben ihren Eigenwert (Ziffernwert).

Du kennst jetzt 9 Ziffern.

Beispiel Zu Weihnachten hat Gerda einen Taschenrechner bekommen. Sie schaltet ein und drückt auf die Taste „1", der Taschenrechner zeigt 1 an: . . . 1
Nun drückt sie auf „5". Die 1 rückt eine Stelle nach links, daneben erscheint 5: . . 1 5
Nun drückt sie auf „3". Die 1 rückt wieder nach links, die 5 an ihre Stelle: . 1 5 3

Menge der natürlichen Zahlen

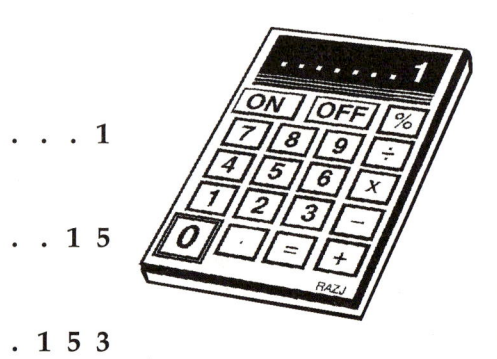

Wir nummerieren die Stellen einer Zahl **von rechts nach links**:

```
. . . . . . . .
. . . . . . . . .   6.  5.  4.  3.  2.  1. Stelle
```

Und nun zum vorgenannten Beispiel: 153

   1 hat den Eigenwert 1, steht an 3. Stelle,
   5 hat den Eigenwert 5, steht an 2. Stelle,
   3 hat den Eigenwert 3, steht an 1. Stelle.

Gib an, an welcher Stelle die Ziffern stehen:

   Zahl: 35 217;   Ziffer 3: 5.   5: ......   1: ......   7: ......

   Zahl: 835 942;   Ziffer 4: ......   2: ......   9: ......   8: ......

Aufgabe B6

Gerda löscht die Zahl 153 auf dem Taschenrechner und drückt auf „8". Der
Rechner zeigt 8 an: . . . 8
Sie möchte 8 allein auf die 2. Stelle bringen.
Wie macht sie das? Die 1. Stelle muss „leer"
bleiben: (. . 8 .)
Dazu braucht sie ein Zeichen. Gerda
drückt auf 0:   . . 8 0

0 hat keinen Eigenwert.

Die 0 als Zahlzeichen (**Leerzeichen**) war auch eine Entwicklung in Indien, nach Sicht der Mathematiker eine enorme geistige Leistung!

Der Vater hat von einem Geschäftspartner einen Scheck bekommen. Er zeigt ihn Gerda.
Sie liest: „siebentausendachthundertfünfundachtzig"

Menge der natürlichen Zahlen   **43**

Um die Zahlen lesen zu können, geben wir jeder Stelle einen Namen: Die Ziffer 7 steht an der 4. Stelle, wir sagen „siebentausend". Nachfolgend siehst du in einer Tabelle zu den einzelnen Stellen den „Namen" und die Abkürzung dafür:

Stelle:		Abkürzung:
1.	**Einer**	**E**
2.	Zehner	Z
3.	Hunderter	H
4.	**Tausender**	**T**
5.	Zehn Tausender	ZT
6.	Hundert Tausender	HT
7.	**Million**	**M**
8.	Zehn Millionen	ZM
9.	Hundert Millionen	HM
10.	**Milliarden**	**Md**
11.	Zehn Milliarden	ZMd
12.	Hundert Milliarden	HMd
13.	**Billionen**	**B**
14.	Zehn Billionen	ZB
15	Hundert Billionen	HB usw.

Die Tabelle zeigt auch, dass jeweils drei Stellen zusammengefasst werden. Das ermöglicht bei einer langen Zahl einen raschen Überblick. Zum Beispiel:

5 | 085 | 103 | 028 | Wir lesen: „5 Md 85 M 103 T 28", in Worten:
Md | M | T | E | „5 Milliarden 85 Millionen 103 Tausend 28".

Aufgabe B7 Zur Übung sollst du jetzt einige Zahlen mit Gliederungsstrichen noch einmal schreiben und darunter die Abkürzung der letzten Stelle jeder Dreiergruppe.

Ein Beispiel: 36085321107   36 | 085 | 321 | 107 |
                                 Md | M | T | E |

302713   ....

....

Menge der natürlichen Zahlen

150000000 ....

35000083520 ....

1020725300000 ....

28135054000009 ....

Aufgaben B 8

Schreibe erst mit Gliederungsstrichen, dann ohne.

Ein Beispiel: 34 M 2 T 307 E: 34 | 002 | 307   34 002 307

6 M 835 E: ....

21 Md 302 M 753 T 871 E: ....

710 Md 23 T: ....

2 B 785 Md 60 M 1 T 236 E: ....

30 B 8 M 932 E: ....

B 9

Schreibe die nachgenannten, in Worten angegebenen Zahlen mit Ziffern und 0. Beachte, dass das Lesen leichter fällt, wenn jeweils nach drei Stellen ein kleiner Abstand gelassen wird.

zwanzig Millionen fünfhundertsiebzig: 20 000 570

sechsunddreißig Millionen vierzehntausendzweihundert:

....

siebenundzwanzig Millionen achtunddreißigtausend:

....

achthundertzwanzig Milliarden fünfzig Millionen zweiundfünfzig:

....

siebenundfünfzig Milliarden zweihundertachtundsiebzigtausendundeins:

....

dreißig Billionen acht Millionen zweiunddreißig:

....

Menge der natürlichen Zahlen **45**

Gerda will nur die Ziffer „5" auf die 3. Stelle („Hunderter") bringen. Sie drückt zunächst die „5" und schiebt diese mit angehängten Nullen an die gewünschte Stelle.

An jeder Stelle bekommt die Ziffer, im Beispiel die 5, ihren **Stellenwert**:

    An der 1. Stelle hat die Ziffer 5 den Stellenwert: 5
    An der 2. Stelle hat die Ziffer 5 den Stellenwert: 50
    An der 3. Stelle hat die Ziffer 5 den Stellenwert: 500

Aufgabe B10

Welchen Stellenwert hat in dem Beispiel 7 285

die Ziffer 5? ....   die Ziffer 2? ....

die Ziffer 7? ....   die Ziffer 8? ....

Du siehst:

> In einer Zahl hat jede Ziffer ihren **Eigenwert** und einen **Stellenwert**.

Schau dir das folgende Beispiel an. In der Zahl 20 607 hat
    2 (5. Stelle) den Stellenwert zwanzigtausend: 20 000 = 2 · 10 000
    0 (4. Stelle) den Stellenwert null: 0 =   0 · 1 000
    6 (3. Stelle) den Stellenwert sechshundert: 600 =   6 · 100
    0 (2. Stelle) den Stellenwert null: 0 =   0 · 10
    7 (1. Stelle) den Stellenwert sieben: 7 =   7 · 1

0 hat an jeder Stelle den Stellenwert 0.

Wir haben in dem gezeigten Beispiel absichtlich die Stellenwerte als Produkte mit 1, 10, 100, … dargestellt, damit du siehst:

Um den Stellenwert einer Ziffer zu erhalten, wird ihr Eigenwert mit der Stufenzahl multipliziert.

Beim **Zehnersystem**, auch **Dekadisches System**, sind die **Stufenzahlen** 1, 10, 100, 1 000, 10 000 usw.

Stelle	Stufenzahl
1. Stelle	1
2. Stelle	10
3. Stelle	100
4. Stelle	1 000
5. Stelle	10 000
6. Stelle	100 000

Menge der natürlichen Zahlen

5. Zehnerpotenzen

Paul schreibt „2 · 1000000000000" auf einen Zettel. „Schlimm", sagt Gerda, „bis ich überhaupt die Stufenzahl lesen kann, muss ich erst je drei Stellen zusammenfassen und dann überlegen: Tausend, Million, Billion, …?"
„Das geht einfacher", lacht Paul, „zähle die Nullen!" „Es sind 12."

Wir schreiben für 1000000000000 jetzt 10^{12}, die Stufenzahl ist also:

10^{12} (Lies: *10 hoch 12*)

10^{12} ist eine **Zehnerpotenz**.
10 ist die **Grundzahl** oder **Basis**, 12 die **Hochzahl** oder der **Exponent**.

---

a) Gib die Stufenzahlen in Zehnerpotenzen an:

$100 = 10^2$ $1000 =$ .... $100000 =$ ....

$1000000000000000 =$ .... $10000000 =$ ....

Aufgabe B 11

b) Gegeben ist die Zahl 237 580. Verwende für den Stellenwert der Ziffern Zehnerpotenzen:

Die Ziffer 2 hat den Stellenwert $2 \cdot 100\,000 = 2 \cdot 10^5$

Die Ziffer 3 hat den Stellenwert   ....

Die Ziffer 5 hat den Stellenwert   ....

Die Ziffer 8 hat den Stellenwert   ....

Die Ziffer 7 hat den Stellenwert   ....

c) Jetzt machen wir es umgekehrt. Gegeben sind die Zahlen mit Zehnerpotenzen. Schreibe sie mit Nullen: $4 \cdot 10^4 = 40\,000$ (lies laut)

$5 \cdot 10^3 =$ .... $7 \cdot 10^5 =$ ....

$32 \cdot 10^2 =$ .... $148 \cdot 10^6 =$ ....

Wir wollen multiplizieren: $10 \cdot 10 = 100 = 10^2$

$10 \cdot 10 \cdot 10 = 1000 =$ .... $10 \cdot 10 \cdot 10 \cdot 10 \cdot 10 =$ ....

$10 \cdot 10 \cdot 10 \cdot 10 \cdot 10 \cdot 10 =$ ....

Aufgabe B 12

Die Hochzahl einer Zehnerpotenz gibt an, wie oft 10 mit sich selbst multipliziert werden muss.

Menge der natürlichen Zahlen

6. Dualsystem

Nach einem Kinderfest hängt an der Decke noch eine Girlande mit vier Lampen. Gerda überlegt: „Mit Ein- und Ausschalten könnte ich doch alle Zahlen von null bis vier anzeigen!"

„Irrtum", lacht Paul, „bis 15!"

Und das geht so:

1   oder   ○ ○ ○ |

Für 2 rückt das „Eingeschaltet" eine Stelle nach links:

2   oder   ○ ○ | ○

Für 3 kommt die 1 dazu:

3   oder   ○ ○ | |

Und für 4 belegt das „Eingeschaltet" die nächste Stelle links:

4   oder   ○ | ○ ○

Du siehst: Um die Zahlen anzuschreiben, kommen wir mit zwei Zahlzeichen aus. Wir sprechen daher auch von einem **Zweiersystem** oder **Dualsystem**.

> Ein Zahlensystem mit nur 2 Zahlzeichen heißt Dualsystem.

Du erinnerst dich: Bei dem Zehnersystem haben wir 10 Zahlzeichen benötigt, eines für die „0" und neun für die 9 Ziffern.

Aufgabe B 13

Setze das Spiel mit dem Ein- und Abschalten der Lampen fort und schreibe die **Dualzahlen** mit den beiden Zeichen ○ und | auf:

5: ○ | ○ | 6: ○ | | ○   7: ....

8: ....   9: ....   10: ....

11: .... 12: .... 13: ....

14: .... 15: .... 16: ....

Menge der natürlichen Zahlen

Gerda spielt wieder mit dem Taschenrechner. „Wow", sagt sie, „wie schnell der mit zehn Zahlzeichen rechnen kann!"
„Du wirst noch mehr staunen", klärt sie ihr Vater auf, „dein Taschenrechner und jeder Computer brauchen dazu nur zwei Zahlzeichen, wie Paul bei seinem Zahlenspiel mit Lampen!"
Jetzt machen die Dualzahlen der Gerda noch mehr Spaß.

Aufgabe B14

Wir wollen das Zeichen | immer wieder um eine Stelle nach links schieben und bekommen so die nächste Stufenzahl. Einige Beispiele kennen wir schon.

○ ○ ○ ○ | = 1,   ○ ○ ○ | ○ = 2,   ○ ○ | ○ ○ = 4,
○ | ○ ○ ○ = ..., | ○ ○ ○ ○ = ..., | ○ ○ ○ ○ ○ = ...

Wir sehen aus diesen Beispielen:

Im Dualsystem entsteht die nächste Stufenzahl, wenn man die vorhergehende mit 2 multipliziert.

Aufgabe B15

Ergänze die Stufenzahlen:

Stelle:	Stufenzahl:	Stelle:	Stufenzahl:
1.	1	5.	....
2.	$1 \cdot 2 = 2$	6.	....
3.	$2 \cdot 2 = 4$	7.	....
4.	$4 \cdot 2 = 8$	8.	....

Jetzt dürfte es nicht mehr schwer fallen, Zahlen vom Dualsystem in das Zehnersystem umzuschreiben. Zunächst zwei Beispiele:

| | ○ | ○ | ○ | | ○ |

$16 + 8 + 0 + 2 + 0 = 26$ $32 + 0 + 8 + 4 + 0 + 1 = 45$

Beispiel

Schreibe im Zehnersystem, fange am besten rechts an:

Aufgabe B16

a) | | | |

.... + ... + ... + ... = ...

b) | ○ | ○ | |

.... = ...

c) | | ○ | | ○

.... = ...

Menge der natürlichen Zahlen

Du erinnerst dich: $10 \cdot 10 \cdot 10 = 10^3$ ist eine Zehnerpotenz. Schau dir nun die Stufenzahlen beim Zweiersystem an:

Aufgabe B 17 Ergänze dazu die Tabelle:

Stelle:	Stufenzahl:	
1.	1	
2.	2	
3.	$4 = 2 \cdot 2 =$	2^2
4.	$8 = 2 \cdot 2 \cdot 2 =$	2^3
5.	$16 = 2 \cdot 2 \cdot 2 \cdot 2 =$	......
6.	$32 =$	......
7.	$64 =$	......
8.	$128 =$	......

Wir sehen, es gibt nicht nur Zehnerpotenzen. Die 8. Stelle lautet:

2^8 (Lies: *2 hoch 8*)

2^8 ist eine **Zweierpotenz**. Allgemein spricht man von einer **Potenzzahl**, kurz **Potenz**, hier mit 2 als **Basis**, 8 als **Hochzahl**.

Aufgabe B 18 Schreibe die Potenz zu der angegebenen Basis und Hochzahl.

Basis:	Hochzahl:	Potenz:	Basis:	Hochzahl:	Potenz:
10	3	......	4	5	......
3	10	......	5	2	......

Bei dem letzten Beispiel ist die Hochzahl 2. Potenzen mit der Hochzahl 2 heißen auch **Quadratzahlen**. Einige Beispiele: 4^2, 10^2, 8^2 oder 12^2. Denke dir noch weitere Beispiele aus.

7. Strichliste, Häufigkeit

Hans kann schon zählen. Er will wissen, wie viele Lego-Steine er hat, doch er verzählt sich immer wieder. Gerda hilft ihm: „Du machst für jeden Lego-Stein einen Strich", sagt sie, „mit dem fünften Strich streichst du die ersten vier durch!"

Das sieht so aus: | = 1, || = 2, ||| = 3, |||| = 4, ⊬⊬⊬ = 5, ⊬⊬⊬ | = 6 usw.

Menge der natürlichen Zahlen

Wie empfohlen, hat Hans zum Abzählen der Lego-Steine eine **Strichliste** gemacht: ЖЖ ЖЖ ЖЖ ЖЖ ЖЖ III

Aufgaben B 19

Hans hat .... Lego-Steine.

Sicher hast du schon Jugendliche gesehen, die an Straßenkreuzungen die vorbeifahrenden Autos mit Strichlisten zählen. Paul ist auch dabei.

Paul soll feststellen, wie viele LKWs die Straße benutzen. Gerda findet seine Strichliste und ergänzt sie. Was hat sie geschrieben?

B 20

von 8 Uhr bis 9 Uhr:	ЖЖ ЖЖ I	11	LKWs
von 9 Uhr bis 10 Uhr:	ЖЖ ЖЖ ЖЖ ЖЖ ЖЖ II	....	LKWs
von 10 Uhr bis 11 Uhr:	ЖЖ ЖЖ ЖЖ IIII	....	LKWs
von 11 Uhr bis 12 Uhr:	ЖЖ III	....	LKWs

> Damit hat Paul die **absolute Häufigkeit** der LKWs in den einzelnen Vormittagsstunden festgestellt. Die Zahlen dienen dazu, eine **Häufigkeitstabelle** aufzustellen.

Ergänze die Häufigkeitstabelle mit den Ergebnissen der Aufgabe B20:

Aufgaben B 21

Uhrzeit	8–9	9–10	10–11	11–12	Uhr
–	11	....	....	....	LKWs

Stelle auf einem Blatt Papier mit Strichlisten fest, wie oft in dem folgenden Satz die Kleinbuchstaben b, l, a, s, e, n vorkommen:
„Der Clown blaest in den Luftballon und hoert rundum nicht einen Ton, er blaest mit Macht, bis es kracht, dann rennt er fort vom Kinderhort."

B 22

Trage die Ergebnisse deiner Strichliste in die Häufigkeitstabelle ein:

b	l	a	s	e	n
....	....	....	....	....	....

Gerda findet die Aufgabe B22 recht lustig. Sie nimmt ein Buch und stellt mit Strichliste und Häufigkeitstabelle fest, wie oft die Buchstaben *gerda* auf einer Seite vorkommen. Mache es auch so mit deinem Vornamen.

Aufgabe B 23

Menge der natürlichen Zahlen

8. Römische Zahlzeichen

Aus Strichlisten sind vor vielen, vielen Jahren einige römische Zahlzeichen entstanden: Aus | das Zeichen I für 1, aus |||||||| zunächst vereinfacht ⋏ für 10 und daraus X = 10 und die Hälfte davon (ᵛ) gibt V für 5.

Aufgabe B 24

Schau dir folgende Zahlen mit römischen Zeichen an. Trage bei jeder Zahl ein, wie viele Zeichen benötigt werden.

eins: I,   zwei: II,   drei: III,   vier: IV,   fünf: V,   sechs: VI,
   1   ....   *3*   ....

sieben: VII,   acht: VIII,   neun: IX,   zehn: X,   elf: XI,   zwölf: XII

....

Mal mehr, mal weniger.

Die einzelnen Zeichen haben ihren **Eigenwert**, aber **keinen Stellenwert**.

Die **römischen Zahlzeichen** sind der Reihe nach:

> I für 1, V für 5, X für 10, L für 50, C für 100, D für 500, M für 1 000.
> Ein Zeichen für „0" gibt es nicht.

Wir wollen   a) IX für 9   mit   b) XI für 11   vergleichen:

a) bei IX steht I **links** von X und wird **abgezogen**.

   9   1   10

Links darf nur ein kleinerer Wert stehen.

Einige Beispiele:

I L = 49,   X C = 90,   C M = 900,   I V = 4
1 50   10 100   100 1000   1 5

b) bei XI steht I **rechts** von X und wird **dazugezählt**.

   11   1   10

Einige Beispiele:

L III = 53,   C X V I = 116,   M D I = 1 501
50 3   100 10 5 1   1000 500 1

52 Menge der natürlichen Zahlen

Welche Zahlen sind das?

Aufgabe B 25

X V III =   L XXX I =

10............................   ....

C L V II =   I C =

....

X IX =   X C V =

....

Die Zahlzeichen mit 5, also V = 5, L = 50 und D = 500, dürfen bei einer Zahl nur einmal eingesetzt werden, und zwar nur rechts von einem größeren Eigenwert.

Beispiele: M L XXX = 1 000 + 50 + 30 = 1 080

   M D L V II = 1 000 + 500 + 50 + 5 + 2 = 1 557

Einige Beispiele zum Üben:

Aufgaben B 26

M D CCC = ...

L X IX = ...

C L XX IX = ...

In den Ferien gehen die Kinder mit ihrem Vater spazieren. Vor einem großen Gebäude verweilen sie einige Zeit. Oben auf dem Sims steht: MDCCCXLVIII. Gerda ist stolz, dass sie diese Jahreszahl schon lesen kann:

B 27

M D CCC XL V III = ...

Zähle bei jedem folgenden Zahlenbeispiel die gleichen römischen Zahlzeichen, die hintereinander geschrieben werden. Wie viele sind es höchstens?

B 28

Wir schreiben: III = 3 und dann IV = 4,
   VI = 6, VII = 7, VIII = 8 und dann IX = 9,
   CCC = 300 und dann CD = 400.

Bei den Zahlen sind es höchstens .... gleiche Zahlzeichen hintereinander.

Die Zahlzeichen I = 1, X = 10, C = 100 dürfen höchstens dreimal hintereinander geschrieben werden.

Menge der natürlichen Zahlen

Aufgaben B 29

Jetzt wollen wir gegebene Zahlen mit römischen Zahlzeichen schreiben. Dabei ist auch dies zu beachten: Links darf nur **ein** kleinerer Wert stehen.

a) 30 = ...   33 = ...   34 = ...

  80 = ...   83 = ...   84 = ...

  88 = ...   89 = ...   90 = ...

  300 = ...   400 = ...   800 = ...

  830 = ...   838 = ...

  900 = ...

b) Zahlen, die du nicht sofort mit römischen Zahlzeichen schreiben kannst, solltest du zunächst passend zerlegen. Dazu ein Beispiel:

838 = 500 + 300 + 30 + 5 + 3 = D CCC XXX V III

Zerlege die Zahl passend, bevor du sie mit römischen Zahlzeichen schreibst:

  939 = ...

  3 702 = ...

B 30 Schreibe mit römischen Zahlzeichen das Jahr der Geburt und des Todes folgender berühmter Leute. Probiere auf einem Blatt und trage das Ergebnis hier ein:

a) Des Rechenmeisters Adam Riese,

  geb. 1492 zu Staffelstein: ....

  gest. 1559 in Annaberg/Erzgebirge: ....

b) Des Astronomen (Sternenforschers) Johannes Kepler,

  geb. 1571 zu Weil der Stadt: ....

  gest. 1630 in Regensburg: ....

9. Auf- und Abrunden

„Wow", schreit Gerda, „das ist irre! Licht braucht acht Minuten von der Sonne bis zur Erde!" „Und ich", sagt Hans, „habe gemeint, es ist sofort da." „Hör zu, Hans, in einer Sekunde legt das Licht 299 792 km zurück!" „Und wer soll sich diese Zahl merken?"

Meist genügt es, statt 299 792 km zu sagen, Licht legt 300 000 km oder $3 \cdot 10^5$ km in einer Sekunde zurück. Wir haben **gerundet**.

Hier noch einige Beispiele:

Beispiel

a) Wenn man 376 **aufrundet,** erhält man $400 = 4 \cdot 10^2$,
   Wenn man 7 501 aufrundet, erhält man $8\,000 = 8 \cdot 10^3$,

b) Wenn man 2 101 **abrundet,** erhält man $2\,000 = 2 \cdot 10^3$,
   Wenn man 54 728 abrundet, erhält man $50\,000 = 5 \cdot 10^4$.

Was fällt dir auf? Wann wird in aller Regel auf-, wann abgerundet?

Runde auf bzw. ab. Schreibe das Ergebnis auch mit Zehnerpotenzen.

Aufgabe B 31

3 724 aufgerundet: $4\,000 = 4 \cdot 10^3$
8 504 aufgerundet ....
25 301 ....
9 620 aufgerundet: $10\,000 = 10^4$
        (9 + 1)
971 ....
24 728 abgerundet: ....
43 999 ....

> Beginnt der beim Runden weggelassene Teil der Zahl mit 5, 6, 7, 8 oder 9, so wird aufgerundet,
> beginnt er mit 1, 2, 3 oder 4, wird abgerundet.

Das Auf- und Abrunden hilft dir später, die Rechenergebnisse abzuschätzen, grobe Fehler fallen schneller auf.

Wir dürfen vorne auch mehrere Ziffern stehen lassen und sagen: *Wir runden auf 1, 2, 3 usw. Stellen genau*.

Ein Beispiel: 2 517 002   Gerundet: $3\,000\,000 = 3 \cdot 10^6$
              Gerundet: $2\,500\,000 = 25 \cdot 10^5$
              Gerundet: $2\,520\,000 = 252 \cdot 10^4$ usw.

Beispiel

Schau die Zahl 3 271 910 an. Runde sie auf die angegebene Stellenzahl. Gib zur Übung das Ergebnis auch mit Zehnerpotenzen an.

Aufgabe B 32

Auf eine Stelle: ....
Auf zwei Stellen: ....
Auf drei Stellen: ....
Auf vier Stellen: ....

Menge der natürlichen Zahlen

Beispiel Wir wollen die Zahl 23 981 auf 2 und 3 Stellen runden. Hier das Ergebnis:

Auf 2 Stellen: 24 000 = 24 · 10³. Auf 3 Stellen: 24 000 = 240 · 10².
$$9 + 1$$

Aufgabe B 33

Runde und vergleiche:

a) 7 970

 auf 1 Stelle: ....

 auf 2 Stellen: ....

b) 456 950

 auf 3 Stellen: ....

 auf 4 Stellen: ....

Beispiel In der Praxis gibt es auch Fälle, bei denen
a) nur aufgerundet oder b) nur abgerundet werden darf:

a) Paul will sich eine CD-ROM kaufen. Er weiß, sie kostet 43 € oder 44 €. Um sicher zu gehen, nimmt er 50 € mit. Er hat aufgerundet!

b) Gerda will in ihrem Zimmer kleine Schränkchen an die Wand stellen. Die Schränkchen sind 100 cm breit. Sie misst die Wand ab: Es sind 387 cm. Gerda muss abrunden: 300 cm. Drei Schränkchen bringt sie unter.

Größen, Umrechnungszahlen

1. Länge einer Strecke, Maßzahl, Maßeinheit

Gerda und Hans besuchen ihren Großvater, der gerade die Beete für die Erdbeeren einteilt.
„Zwischen Zaun und Weg könnt ihr eines für euch selbst abstecken", sagt der Großvater.
Hans versucht zwischen den Pflöcken eine Begrenzungslinie mit einem Stock zu ziehen. Gerda lacht.

„Mach's besser!", ruft der Junge und wirft den Stecken weg. Gerda schweigt. Großvater nimmt eine lange Schnur und sagt:
„Legt die Schnur auf den Boden, zieht dann an den Enden, bis sie straff von einem Pflock zum anderen gespannt ist."

Wir wollen die beiden Pflöcke mit *A* und *B* kennzeichnen und stellen fest, dass die straff gespannte Schnur eine gerade Verbindungslinie zwischen den Punkten *A* und *B* darstellt:

> Eine gerade Verbindungslinie zwischen zwei Punkten heißt Strecke.

Wir kennzeichnen sie mit: [*AB*]   (Lies: *Strecke AB*)

A und *B* sind **Begrenzungspunkte** der Strecke. Häufig werden die Begrenzungspunkte auch **Endpunkte** der Strecke genannt.

Um eine Strecke zu zeichnen, nehmen wir ein Lineal. Deine Zeichnung sieht besser aus, wenn du immer einen gut gespitzten Bleistift verwendest!

Aufgaben C1 Zeichne [AB]. Dazu legst du das Lineal an die Punkte A und B an und verbindest sie mit einer geraden Linie. Achte darauf, dass A und B Begrenzungspunkte sind und nicht überschritten werden dürfen.

A   B
○   ○

C2 Gegeben sind die Punkte A, B, C, D, E, F. Zeichne die Strecken [AB], [BC], [CD], [DE], [EF].

           B   F
           ○   ○   ○D

                    ○   ○
           A○   C   E

Für die **Länge einer Strecke** gibt es auch eine Abkürzung:

$\overline{AB}$ (Lies: *Länge der Strecke AB*)

Die Strecke der Aufgabe C1 ist 65 mm lang. Miss nach. Wir schreiben:
$\overline{AB} = 65$ mm

Aufgabe C3 Nimm ein Lineal und miss in Millimetern, wie lang die einzelnen Strecken sind:

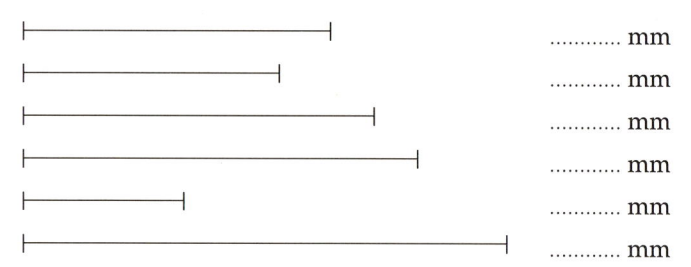

|⊢──────────────────⊣| .... mm
|⊢──────────⊣| .... mm
|⊢───────────────⊣| .... mm
|⊢──────────────────────⊣| .... mm
|⊢────────⊣| .... mm
|⊢────────────────────────────⊣| .... mm

Um die Länge einer Strecke zu bestimmen, hast du ein Lineal mit Millimeterteilung verwendet. Ein Millimeter ist dabei die **Maßeinheit**. Andere Maßeinheiten für die Länge sind: Zentimeter (cm), Dezimeter (dm), Meter (m). Sehr große Strecken gibt man in Kilometern (km) an.

Wir haben bei der Aufgabe 1 die Strecke gemessen. Sie war 65 mm lang. 65 ist die **Maßzahl**, mm die **Maßeinheit** (Einheit).

Maßzahl und Maßeinheit bilden die Messgröße, kurz Größe genannt.

Die Länge einer Strecke, zum Beispiel $\overline{AB}$ = 65 mm, ist gleichbedeutend mit der **Entfernung der Endpunkte** *A* und *B* voneinander.

Stelle fest, welcher der eingezeichneten Punkte zu *S*

a) am nächsten,   b) am entferntesten liegt.

Aufgaben C 4

Du kannst genauer messen, wenn du zuvor die Strecken mit einem Lineal einzeichnest.

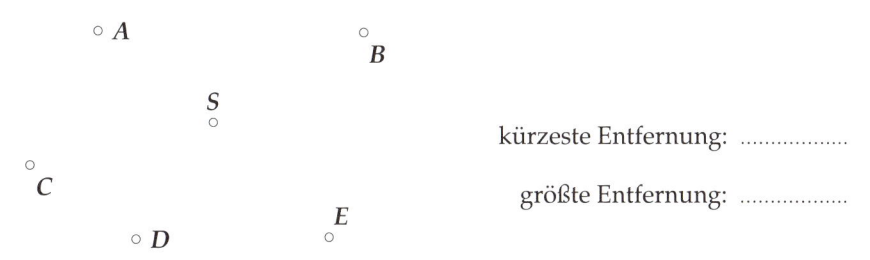

○ *A*

○ *B*

S ○

○ *C*

○ *D*

E ○

kürzeste Entfernung: ....

größte Entfernung: ....

Jetzt dürfte es dir gewiss ohne Mühe gelingen, Strecken gegebener Länge zu zeichnen. Versuche es einmal:

C 5

$\overline{AB}$ = 55 mm,   *A* ○

$\overline{CD}$ = 38 mm,   *C* ○

$\overline{EF}$ = 43 mm,   *E* ○

$\overline{GH}$ = 17 mm,   *G* ○

$\overline{JK}$ = 23 mm,   *J* ○

2. Umrechnen der Längeneinheiten

Du kennst von deinem Lineal die kleineren Längeneinheiten: Millimeter (mm) und Zentimeter (cm). Größere Strecken gibt man in Metern (m) oder Kilometern (km) an.

> 10 mm = 1 cm (Zentimeter)
> 10 cm = 1 dm (Dezimeter)
> 10 dm = 1 m (Meter)

Die **Umrechnungszahl** dieser Einheiten ist jeweils 10.

Größen, Umrechnungszahlen 59

„Klaus ist 4 120 mm weit gesprungen."– Würdest du das sagen? Sicher nicht! Wir rechnen in Meter um und setzen zunächst in eine Tabelle ein:

m	dm	cm	mm
4	1	2	0

Weil der Sportlehrer die Sprungweite in Meter wissen will, setzen wir in der Tabelle nach „m" einen dicken Strich:

m	dm	cm	mm
4	1	2	0

Die Tabelle können wir weglassen, wenn wir für den dicken Strich ein Komma setzen:

4,120 m   (Lies: *vier Komma eins zwei null Meter*)

Aufgaben

C6 Rechne um! Benutze dazu die gedruckte Tabelle und zeichne in diese auch die dicke Linie (für das Komma) ein.

178 mm = ... dm   4 833 cm = ... m

m	dm	cm	mm

m	dm	cm	mm

C7 Versuche auch ohne Tabelle auszukommen:

1 235 mm = ... m   207 cm = ... m

3 072 mm = ... dm   7 008 mm = ... m

Wir wollen jetzt 7 300 mm in dm umrechnen und verwenden wieder eine Tabelle und den dicken Strich:

m	dm	cm	mm
7	3	0	0

Wir schreiben: 7 300 mm = 73,00 dm = 73 dm.

Noch ein Beispiel ohne Tabelle:

84 500 mm = 84,500 m = 84,5 m   bzw. kürzer: 84 500 mm = 84,5 m

Beide Beispiele zeigen uns:

Nullen, die nach dem Komma am Schluss stehen, können weggelassen werden.

Rechne in die angegebenen Maßeinheiten um:

Aufgabe C8

2 080 mm = ... cm = ... m

2 400 mm = ... dm = ... m

1 800 cm = ... dm = ... m

124 cm = ... dm = ... m

5 180 mm = ... cm = ... m

Etwas schwieriger ist es schon, 28 mm in m anzugeben. Auch hier hilft uns vorerst eine Tabelle.

Weil in Meter umgerechnet werden soll, kommt der dicke Strich nach der m-Spalte:

m	dm	cm	mm
		2	8

Von rechts beginnend werden jetzt so lange Nullen eingesetzt, bis eine Null links von dem dicken Strich steht.

m	dm	cm	mm
0	0	2	8

Das Ergebnis lautet:

0,028   (Lies: *null Komma null zwei acht*)

Gib die nachstehenden Größen in den angegebenen Einheiten an und versuche, die Aufgabe gleich ohne Tabelle zu lösen:

Aufgabe C9

300 mm = ... cm = ... dm = ... m

7 mm = ... cm = ... dm = ... m

200 cm = ... dm = ... m

93 cm = ... dm = ... m

5 cm = ... dm = ... m

Paul will ein Brett von 43 cm Länge in zwei gleiche Teile zersägen. Wie lang ist das halbe Brett? Das Teilen 43 durch 2 geht nicht auf. Paul hat daher 43 cm in 430 mm umgerechnet. Die Hälfte ist 215 mm.

Du siehst, es ist manches Mal notwendig, größere Einheiten in kleinere umzurechnen.

Beispiel

Größen, Umrechnungszahlen

Noch ein Beispiel: Rechne 17 m in mm um. Für den Anfang hilft dir auch hier eine Tabelle:

	m	dm	cm	mm
1	7	0	0	0

17 m = 17 000 mm

Aufgabe C10

Gib die folgenden Größen in der angegebenen Einheit an. Wie gezeigt, setzt du für die Leerstellen „0" ein.

8 cm = ... mm   8 dm = ... mm

8 m = ... mm   17 cm = ... mm

71 m = ... mm   21 m = ... cm

400 dm = ... cm   540 m = ... cm

Etwas schwieriger wird das Umrechnen in eine kleinere Einheit, wenn bei der Maßzahl der gegebenen Länge ein Komma vorkommt, doch wir haben inzwischen schon einige Übung.

Beispiel

Hier das Beispiel: 4,2 m = ? cm. Bei der Tabelle verschieben wir den dicken Strich nach rechts und belegen die Leerstelle mit „0".

m	dm	cm	mm
4	2		

m	dm	cm	mm
4	2	0	

Wie du siehst, sind 4,2 m = 420 cm. Das Komma wird nach rechts verschoben, an die leeren Stellen wird null eingesetzt.

Aufgabe C11

Rechne um und versuche ohne Tabelle auszukommen.

5,209 m = ... mm   5,209 m = ... cm

6,38 m = ... mm   0,5 m = ... mm

0,024 m = ... mm   0,04 m = ... cm

Paul will von München nach Berlin fahren. Er ruft seinen Freund bei einem Reisebüro an und fragt: „Wie weit ist es von München nach Berlin?"

Es ist der 1. April und sein Freund, ein Spaßvogel, antwortet ihm: „In etwa sind es 604 000 m!"

Gerda will umrechnen. Paul gibt ihr die Umrechnungszahl an:

1 000 m = 1 km (Kilometer)

Beispiel

Gerda benutzt zunächst eine Tabelle. Wie du siehst, hat sie zwischen m und km zwei zusätzliche Spalten eingefügt. Das ist notwendig, denn die Umrechnungszahl ist nicht 10, sondern 1 000. Der dicke Strich wird jetzt unmittelbar nach km gezogen:

		km			m	dm	cm	mm
6	0	4	0	0	0			

Aus der Tabelle liest Gerda ab: 604 000 m = 604,000 km = 604 km. Paul bereitet sich für eine Fahrt von 604 km vor.

Rechne um,

Aufgaben
C 12

a) zunächst mit einer Tabelle auf einem Blatt Papier:

   600 m = ... km   5 m = ... km   0,014 km = ... m

b) dann ohne Tabelle:

   80 m = ... km   0,208 km = ... m

   7 800 m = ... km   0,32 km = ... m

Schreibe die Ergebnisse auch mit Zehnerpotenzen:

C 13

12 km = 12 000 m = $12 \cdot 10^3$ m, 12 km = 1 200 000 cm = $12 \cdot 10^5$ cm

   8,5 km = ... m   = ... m

   8,5 km = ... mm   = ... mm

   3 200 km = ... m   = ... m

   3 200 km = ... cm = ... cm

Größen, Umrechnungszahlen 63

Aufgabe C14 Benutze für die Zwischenschritte der Rechnungen ein Blatt Papier:

a) Eine Tanne ist 9 m hoch. Das sind .... dm.

b) Gerda wirft den Ball 1 970 cm weit. Sie wirft ihn also .... m weit.

c) Uwes Schulweg ist kurz, nur 700 m. Gib die Wegstrecke in km an:

Uwe hat bis zur Schule .... km zu gehen.

d) Ein Brett is 0,15 dm dick. Das sind .... mm.

e) Der Umfang der Erde misst 40 077 000 m. Rechne um auf km:

Der Umfang der Erde beträgt .... km.

3. Flächeneinheiten

Aufgabe C15 Die Figur rechts ist ein Quadrat. Miss seine Seiten.

Jede Seite ist .... cm lang.

Die Fläche eines solchen Quadrates ist eine **Maßeinheit für den Flächeninhalt**.

1 cm² (Lies: *ein Quadratzentimeter*)

Wenn man eine Fläche mit solchen Quadraten (1 cm²) auslegt und abzählt, bekommt man den Flächeninhalt in cm².

Aufgabe C16 Zähle, wie viele Quadrate in das Rechteck nebenan gezeichnet sind.

Es sind .... Quadrate.

Das Rechteck hat somit eine Fläche von

.... cm².

Größen, Umrechnungszahlen

Die Fläche einfacher Figuren wollen wir später **berechnen** (Band 616). Jetzt interessiert uns nur das Umrechnen der Flächenmaße. Eine Einheit der Fläche kennst du bereits: 1 cm². Nun teilen wir ein Quadrat mit der Seitenlänge 1 dm = 10 cm in Quadratzentimeter ein:

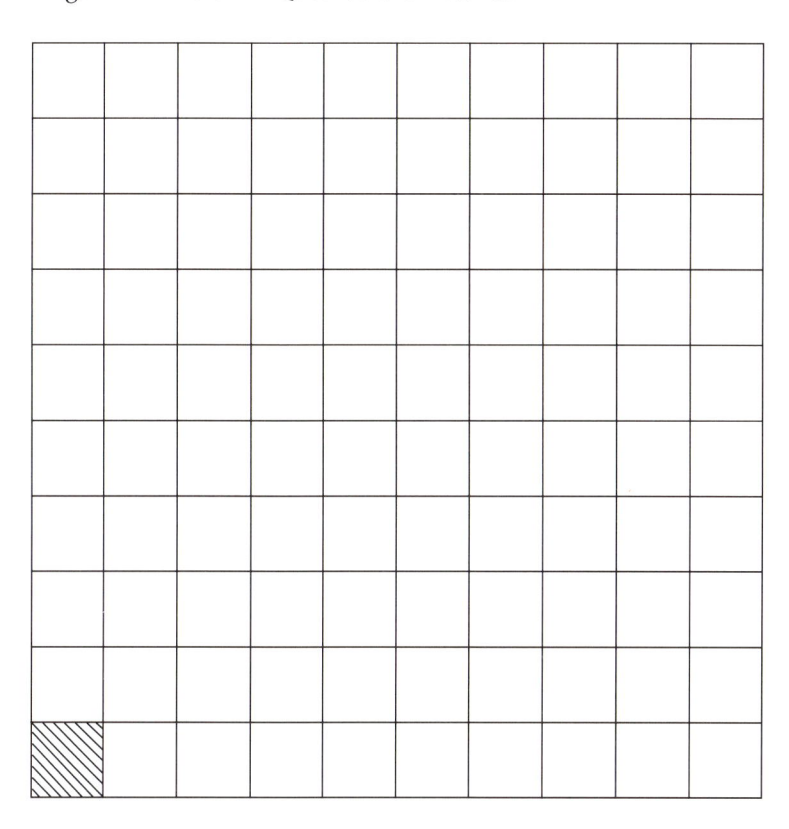

Die Fläche des größeren Quadrates ist ein Quadratdezimeter (1 dm²). Durch Abzählen oder Rechnen (10 cm · 10 cm) stellen wir fest:

   1 dm² = 100 cm²

Damit kennen wir bereits eine zweite Einheit für die Fläche.

100 mm² = 1 cm² (Quadratzentimeter)
100 cm² = 1 dm² (Quadratdezimeter)
100 dm² = 1 m² (Quadratmeter)
100 m² = 1 a (Ar)
100 a = 1 ha (Hektar)
100 ha = 1 km² (Quadratkilometer)

Die Umrechnungszahl für die Einheiten der Fläche **ist 100**. Wie man umrechnet, hast du bei den Längeneinheiten gelernt, dort mit der Umrechnungszahl 10 bzw. 1 000.

Größen, Umrechnungszahlen

Aufgabe C17 Gib diese Flächen in der angegebenen kleineren Einheit an:

0,093 km² = ... ha = ... a = ... m²

0,0072 ha = ... a = ... m² = ... dm²

1,542 m² = ... dm² = ... cm² = ... mm²

Schau jetzt dieses Beispiel an:

Beispiel 21 km² = 2 100 ha = 210 000 a = 21 000 000 m² = 2 100 000 000 dm² = = 210 000 000 000 cm²

Es ist sicher lästig, nach dem Umrechnen die vielen Nullen abzuzählen. Doch du kennst bereits die Schreibweise mit Zehnerpotenzen:

21 km² = 210 000 000 000 cm² = $21 \cdot 10^{10}$ cm².

Im Einzelnen:

21 km² = $21 \cdot 10^2$ ha = $21 \cdot 10^4$ a = $21 \cdot 10^6$ m² = $21 \cdot 10^8$ dm² = $21 \cdot 10^{10}$ cm²

Lies die Zeile oben in beiden Richtungen, vor und zurück. Sicher ist dir dies schon aufgefallen:

Beim Umrechnen einer Zehnerpotenz mit 100 wird zur Hochzahl 2 dazugezählt bzw. abgezogen.

Aufgaben C18 Gib das Ergebnis der Umrechnung auch mit Zehnerpotenzen an:

0,71 ha = *71 a = 7 200 m² = 720 000 dm² = 72 000 000 cm² = $72 \cdot 10^6$ cm²*

1,35 a = ... cm² = ... cm²

230 m² = ... mm² = ... mm²

0,3 km² = ... m² = ... m²

C19 Jetzt gibst du die Flächen in der angegebenen größeren Einheit an:

88 700 mm² = ... cm² = ... dm² = ... m²

978,2 cm² = ... dm² = ... m² = ... a

253 000 m² = ... a = ... ha = ... km²

66 Größen, Umrechnungszahlen

Schreibe zunächst ohne Zehnerpotenzen und wandle dann um:

$27 \cdot 10^5$ m² = 2 700 000 m² = 27 000 a = 270 ha = 2,7 km²

$375 \cdot 10^3$ cm² = ... cm² = ... dm² = ... m²

$28 \cdot 10^6$ mm² = ... mm² = ... cm² = ... dm²

4. Raum- und Hohlmaße

Will man den **Rauminhalt** eines Körpers angeben, so arbeitet man mit einem besonderen Würfel: Er hat die Kantenlänge 1 cm. Sein Rauminhalt beträgt

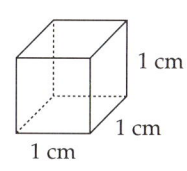

1 cm³   (Lies: *ein Kubikzentimeter*)

Für die nächste Einheit nehmen wir einen Würfel der Kantenlänge 1 dm. Auf die Bodenfläche passen $10 \cdot 10$ = 100 kleine Würfel von 1 cm³. Legt man Schicht auf Schicht übereinander, erhält man insgesamt 10 solche Schichten, somit $100 \cdot 10$ = 1 000 kleinere Würfel.
Jetzt wissen wir, 1 dm³ = 1 000 cm³ ergibt eine weitere Raumeinheit 1 dm³ (Kubikdezimeter) und die **Umrechnungszahl 1 000**.
Hier noch mehr Einheiten:

1 000 mm³ = 1 cm³
1 000 cm³ = 1 dm³
1 000 dm³ = 1 m³

Von Einheit zu Einheit rückt das Komma um drei Stellen vor oder zurück. Dazu zwei Beispiele:

1 238 mm³ = 1,238 cm³ = 0,001238 dm³,
0,28 m³ = 280 dm³ = 280 000 cm³.

Größen, Umrechnungszahlen

Aufgaben
C 20

a) Gib die Rauminhalte in der angegebenen kleineren Einheit an:

   $0{,}075\ m^3$ = ... dm^3 = ... cm^3

   $1{,}2\ dm^3$ = ... cm^3 = ... mm^3

b) Gib das Ergebnis auch mit Zehnerpotenzen an:

   $12\ m^3$ = ... dm^3 = ... dm^3 =

   = ... cm^3 = ... cm^3 =

   = ... mm^3 = ... mm^3

C 21

a) Jetzt rechnen wir die Rauminhalte in die größeren Einheiten um:

   $55\ 300\ mm^3$ = ... cm^3 = ... dm^3

   $78{,}2\ cm^3$ = ... dm^3 = ... m^3

b) Schreibe zunächst ohne Zehnerpotenzen und wandle dann um:

   $67 \cdot 10^7\ cm^3$ = ... cm^3 = ... m^3

Den Rauminhalt von Flüssigkeiten gibt man meist in **Hohlmaßen** an. Wir wollen uns merken:

   $1\ dm^3 = 1\ l$ (Liter)

Auch bei den Hohlmaßen gibt es kleinere und größere Einheiten:

   $100\ l = 1\ hl$ (Hektoliter)

Die Umrechnungszahl ist hier 100.

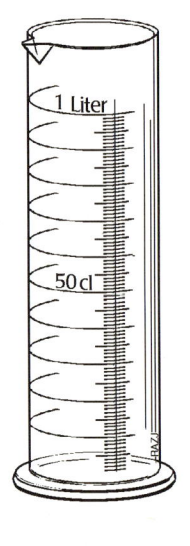

   $1\ l = 10\ dl$ (Deziliter)
   $1\ dl = 10\ cl$ (Zentiliter)
   $1\ cl = 10\ ml$ (Milliliter).

Für diese kleineren Einheiten ist die Umrechnungszahl jeweils 10.

Rechne um:

Aufgaben C 22

238 l = ... hl,   238 l = ... dl = ... cl

24 dm³ = ... l = ... dl = ... cl = ... ml

1,74 m³ = ... dm³ = ... l = ... hl

C 23

In der Pause trinkt Gerda 0,25 l Milch.

a) Wie viele cm³ sind das?
   Gerda trinkt in der Pause .... cm³ Milch.

b) Wie viele hl Milch trinkt sie an 200 Schultagen?
   An 200 Schultagen trinkt Gerda .... hl Milch.

5. Einheiten der Masse

Als Einheiten der **Masse** kennst du Gramm (g) und Kilogramm (kg). Die kleinste gebräuchliche Einheit für die Masse ist ein Milligramm (mg), die größte Einheit ist eine Tonne (t).

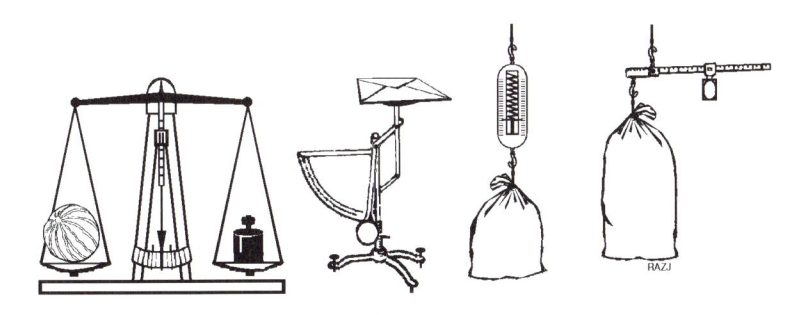

```
1 000 mg =     1 g (Gramm)
         1 000 g        =    1 kg (Kilogramm)
                   1 000 kg           = 1 t (Tonne)
```

Die Umrechnungszahl für die Einheiten der Masse **ist 1 000**. Von Einheit zu Einheit rückt das Komma um 3 Stellen vor oder zurück.

Aufgaben C 24 Gib die nachgenannten Größen in der angegebenen kleineren Einheit an:

2,356 kg Zucker sind .... g

5,4 kg Rattengift sind .... mg

5 t Kohle sind .... kg

0,782 kg Backpulver sind .... g

0,012 kg Pfeffer sind .... mg

C 25 Gib die nachgenannten Größen in der angegebenen größeren Einheit an:

3 200 000 mg Mehl sind .... kg

5 000 kg Kartoffel sind .... t

3 700 kg Äpfel sind .... t

70 000 g Erdnüsse sind .... t

Anmerkung Die Umrechnungszahlen bei den **Zeiteinheiten** sind nicht 10 und Zehnerpotenzen, sondern 60, 12, 24, 7 usw. Das Umrechnen ist also nicht so einfach. Wir werden uns in Band 616 damit befassen.

Addition

D

Ute legt Gerda das Geld für ein Schokoeis und Waffeln aus und will wissen, wie viel sie haben will.

„Ich habe den Taschenrechner nicht mit", sagt Gerda.

„Du wirst doch auch ohne deine Ziffernkiste auskommen können!", lacht Ute sie aus.

Schau, dass dir so etwas nicht passieren kann. Übe, damit du bei einfachen Rechnungen fit bist und **räume bitte deinen Taschenrechner weg!**

1. Die Summe

Wir rechnen mit zwei Linealen:

I	0	1	2	3	4	5	6	7	8	9
	II		0	1	2	3	4	5	6	

An der gezeigten Einstellung erkennen wir: 3 cm + 2 cm = 5 cm.

3 und 2 wurden **addiert**:

   3 + 2   (Lies: *3 plus 2*).

3 + 2 ist eine Summe, das Ergebnis 5 wird **Wert der Summe** genannt, 3 und 2 sind die beiden **Summanden**, das Zeichen + heißt **Pluszeichen**.

     3   +   2   =   5

> 1. Summand plus 2. Summand ist gleich Wert der Summe,
>   Summe

Lies bei den beiden Linealen I und II auch folgende Ergebnisse ab:

Aufgabe D1

3 + 1 = ... ,   3 + 4 = ... ,   3 + 7 = ... ,   3 + 5 = ...

Addition   71

Für die Summe 3 + 2 kann man statt der Lineale I und II auch **Pfeile** der Länge 3 cm und 2 cm einsetzen:

An die Spitze wird der Anfangspunkt des zweiten Pfeiles angeschlossen:

Beide Pfeile kannst du jetzt durch einen einzigen ersetzen, der vom Anfangspunkt des ersten bis zur Spitze des zweiten reicht. Er ist 5 cm lang.

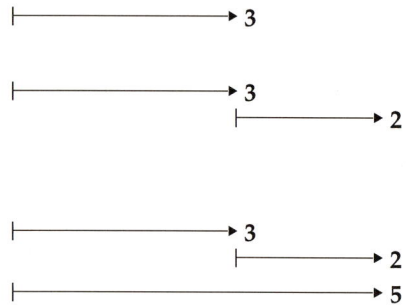

Diese Pfeile nennt man auch **Vektoren**. Beim Addieren schließt sich an die Spitze des ersten Vektors der Anfangspunkt des zweiten an.

Aufgaben

D 2 Ermittle den Wert der Summe mit Vektoren. Verwende für die Zeichnung ein eigenes Blatt.

4 + 3 = ...   2 + 7 = ...

D 3 Rechne ohne zu zeichnen. Um das nächste Feld auszufüllen, musst du immer wieder 7 addieren.

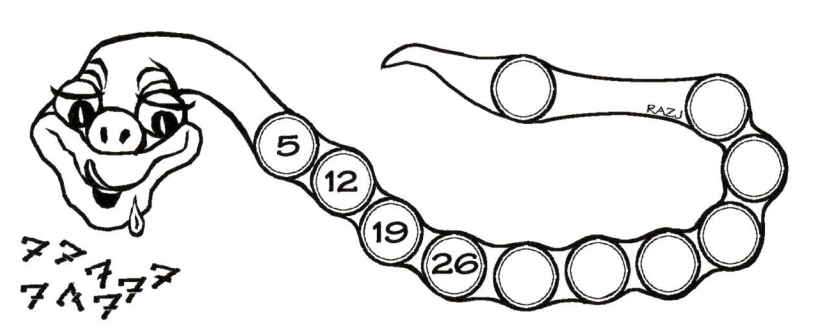

5, 12, 19, 26, ...

D 4 Schau dir zunächst die Maschine an. Sie verarbeitet zwei Zahlen zu einer Summe.

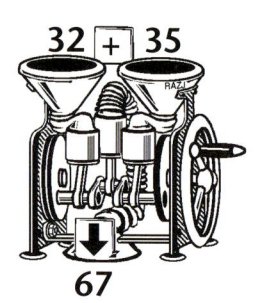

32 + 35
67

Berechne jetzt die Ergebnisse, die sie liefert:

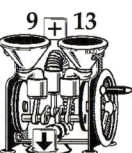

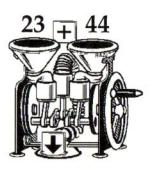

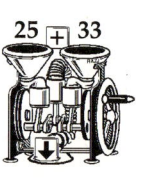

11 + 18   9 + 13   38 + 27   23 + 44   25 + 33

....

Addition

Im Zirkus führt ein Dompteur eine gemischte Raubtiergruppe vor.

**Aufgaben
D5**

Die Klassen 5A und 5B wollen diese Vorführung sehen. Von der Klasse 5A gehen 32 Schüler mit, von der Klasse 5B 35 Schüler. Wie viele Eintrittskarten muss der Lehrer besorgen?

....

D6

Gerda und Inge kennen ein Gesellschafts-Spiel mit zwei Würfeln, das Spaß macht und ein gutes Training für das Kopfrechnen ist: Wer zuerst eine Sechs würfelt, beginnt. Die mit beiden Würfeln gewürfelten Augen werden auf einem Blatt addiert. Gewonnen hat, wer zuerst 100 Augen erreicht oder überschreitet. Wer zwei gleiche Augenzahlen würfelt, setzt einmal aus. Hast du nicht Lust, mit Partnern dieses Würfelspiel zu probieren?

D7

Versuche jetzt, ob du mit Kopfrechnen die Additionstafeln vervollständigen kannst. Für jedes Feld wird die Zahl der Zeile mit der Zahl der Spalte addiert, zum Beispiel:

13 steht in der zweiten Zeile, 7 steht in der dritten Spalte. Im dazu gehörigen Feld (Kreuzung der zweiten Zeile mit der dritten Spalte) muss 20 stehen, denn 13 + 7 = 20.

+	6	9	7	8	4
11	17				
13			20		
17					21
19					
14					

+	12	17	23	28	34
11				39	
19					
24		41			
45					
36					

Addition

Hast du die ersten beiden Additionstafeln fehlerfrei berechnet, kannst du die nächsten beiden überspringen.

+	11	17	13	19	14
12					
15			34		
18					
14					
16					

+	21	37	29	43	52
18					
37					
46					
55				84	
29					

2. Eigenschaften der Addition

2.1 Das Kommutativgesetz (Vertauschungsgesetz)

Aufgaben

D 8 Zeichne die Vektoren:

a) Zunächst für 3 + 5,

b) dann für 5 + 3.

Vergleiche die Ergebnisse.

D 9 Berechne nacheinander:

a) 15 + 3 = ...   3 + 15 = ...

b) 8 + 11 = ...   11 + 8 = ...

Es fällt auf: Auch wenn die Reihenfolge der Summanden verändert wird, der Wert der Summe bleibt der gleiche. Diese Eigenschaft der Addition nennt man das **Kommutativgesetz**, auch **Vertauschungsgesetz**.

Der Wert einer Summe ändert sich nicht, wenn man die Summanden miteinander vertauscht.

In Kurzform: $a + b = b + a$

2.2 Das Assoziativgesetz (Verbindungsgesetz)

Im täglichen Leben musst du meist mehr als zwei Zahlen addieren, zum Beispiel beim Einkaufen. Mit der Maschine wollen wir die Zahlen 35, 18 und 20 addieren. Sie kann nur jeweils zwei Zahlen verarbeiten. Deshalb rechnet sie zuerst 35 + 18 aus, das ergibt 53, dann rechnet sie 53 + 20.

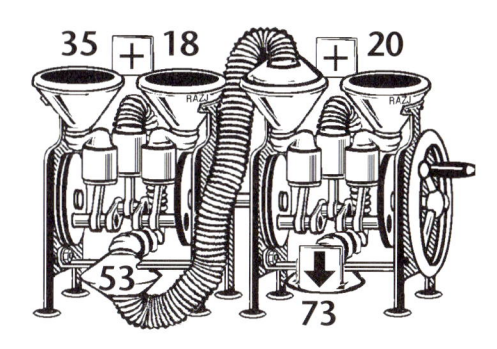

Wir wollen diesen Rechenvorgang in einer Zeile schreiben: (35 + 18) + 20 = 53 + 20 = 73

Mit den **Klammern** wird angedeutet, welcher Teil zuerst berechnet werden soll:

Ausdrücke, die in Klammern stehen, sind zuerst zu berechnen.

Die Aufgabe 3 + (5 + 2) sieht mit Vektoren dargestellt so aus:

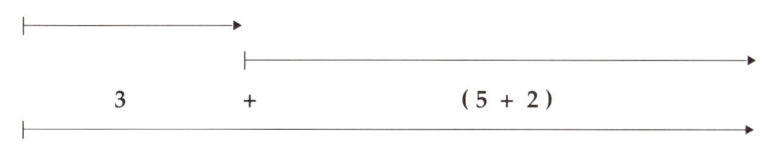

3   +   (5 + 2)

Die Aufgabe (3 + 5) + 2 sieht mit Vektoren dargestellt so aus:

(3 + 5)
+   2

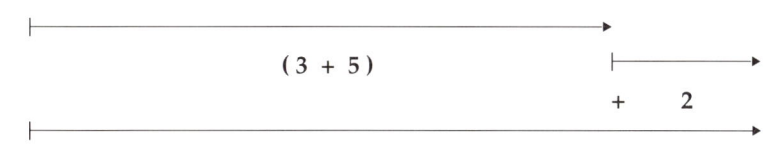

Das Ergebnis ist in beiden Fällen dasselbe.

Ob die Klammer die ersten beiden Summanden zusammenfasst, oder den zweiten und dritten, ist für den Wert der Summe ohne Belang.

Diese Eigenschaft der Addition nennt man das Assoziativgesetz, auch Verbindungsgesetz.

In Kurzform: **(a + b) + c = a + (b + c)**

Rechne aus und setze auch die Zwischenergebnisse ein:

Aufgabe D 10

a) (21 + 6) + 12 = ... + 12 = ...

21 + (6 + 12) = 21 + ... = ...

Addition   75

b) (42 + 7) + 8 = ... + 8 = ...

  42 + (7 + 8) = 42 + ... = ...

c) (17 + 5) + 22 = ... + 22 = ...

  17 + (5 + 22) = 17 + ... = ...

2.3 Kommutativgesetz und Assoziativgesetz zusammen

Beide Gesetze zusammen erleichtern oft das Rechnen. Ein Beispiel:

Beispiel 35 + 23 + 15. Auf einen Blick siehst du, dass sich die Zahlen 35 und 15 am leichtesten addieren lassen. Wir wenden das **Kommutativgesetz** an und stellen sie zusammen: 23 + 15 + 35

Nun wenden wir das **Assoziativgesetz** an und setzen Klammern:
  23 + (15 + 35).
Schritt für Schritt sieht die Rechnung so aus:
  35 + 23 + 15 = 23 + 15 + 35 = 23 + (15 + 35) = 23 + 50 = 73.

Besteht eine Summe aus mehr als zwei Summanden, so kann man diese beliebig zu Teilsummen verbinden. Der Wert der Summe ändert sich dadurch nicht.

Aufgabe D 11

a) Kommutativgesetz und Assoziativgesetz sind geschickt einzusetzen:

  12 + 57 + 28 = ...

  38 + 39 + 42 = ...

  43 + 65 + 77 = ...

  26 + 37 + 84 = ...

b) Ein weiteres Beispiel:
  73 + 59 + 27 + 11 = (73 + 27) + (59 + 11) = 100 + 70 = 170

  Verfahre entsprechend:

  8 + 27 + 3 + 12   = ...

  17 + 48 + 33 + 2   = ...

  44 + 23 + 26 + 52 = ...

  18 + 13 + 22 + 23 + 4   = ...

  ....

  12 + 44 + 15 + 16 + 33 = ...

  ....

2.4 Addition der Null

Wir addieren 0 zu irgendeiner Zahl, z.B. zu 7 und erhalten: 7 + 0 = 7

Wird null zu irgendeiner Zahl addiert, so ist der Wert der Summe stets dieser Zahl gleich.

In Kurzform: $a + 0 = a$

Stelle fest, ob die folgenden Aussagen wahr oder falsch sind. Bei dieser Gelegenheit wiederholst du auch die Bedeutung der Zeichen: <, >.
Das Zeichen = kennst du längst, durchgestrichen ≠ heißt es „nicht gleich".

Aufgabe D 12

	wahr	falsch		wahr	falsch
7 + 0 > 7	☐	☐	21 + 0 ≠ 21	☐	☐
7 + 0 > 6	☐	☐	15 + 0 < 20	☐	☐
18 + 0 = 18	☐	☐	23 + 0 > 23	☐	☐
21 + 0 ≥ 21	☐	☐	23 + 0 > 22	☐	☐

3. Schriftliches Addieren

Ein Beispiel: 878 + 469 = ?
Größere Zahlen im Kopf zu addieren ist schwer. Das schriftliche Addieren ist einfacher und auch sicherer. In einer **Nebenrechnung** schreibt man die Zahlen untereinander.

Wichtig ist, dass du bei einem schriftlichen Addieren die Zahlen **genau** untereinander schreibst: Einer (E) unter Einer, Zehner (Z) unter Zehner, Hunderter (H) unter Hunderter usw.

Rechne nach Möglichkeit laut, solange du noch nicht sicher bist. Oft merkst du dabei, dass „irgendetwas nicht stimmt", und kannst deine Rechnung noch einmal prüfen

Nebenrechnung

T	H	Z	E
	8	7	8
	4	6	9
1	3	4	7

Trainiere:

a) 1 4 6
    5 2 3
    ─────
    ....

b) 2 3 7
    6 5 2
    ─────
    ....

c) 4 7 4 2
      1 5 5
    ───────
    ....

d) 5 6 3 2
    2 0 6 5
    ───────
    ....

Aufgabe D 13

Addition   77

Aufgabe D14

$\begin{array}{r} 1\,8\,5\,4 \\ 9\,1\,3\,5 \\ \hline 1\,0\,9\,8\,9 \end{array}$

Um das Ergebnis zuvor schon abzuschätzen, ist es oft zweckmäßig, zunächst die gerundeten Zahlen zu addieren. Ein Beispiel:

1 854 + 9 135

Gerundet: 2 000 + 9 000 = 11 000
         1 854 + 9 135 = 10 989

Jetzt bist du an der Reihe zu rechnen:

a) 6 2 8 4 + 5 7 1 4
Gerundet:
....
6 284 + 5 714 = ...

Nebenrechnung:
$\begin{array}{r} 6\,2\,8\,4 \\ 5\,7\,1\,4 \\ \hline \end{array}$

....

b) 6 8 2 + 1 3 7 5
Gerundet:
....
682 + 1 375 = ...

Nebenrechnung:
$\begin{array}{r} 6\,8\,2 \\ 1\,3\,7\,5 \\ \hline \end{array}$

....

c) 2 9 7 8 + 9 0 2 3
Gerundet:
....
2 978 + 9 023 = ...

Nebenrechnung:
$\begin{array}{r} 2\,9\,7\,8 \\ 9\,0\,2\,3 \\ \hline \end{array}$

....

d) 8 7 9 3 + 3 6 4 9
Gerundet:
....
8 793 + 3 649 = ...

Nebenrechnung:
$\begin{array}{r} 8\,7\,9\,3 \\ 3\,6\,4\,9 \\ \hline \end{array}$

....

e) 1 3 9 4 7 + 6 7 9 3
Gerundet:
....
13 947 + 6 793 = ...

Nebenrechnung:
$\begin{array}{r} 1\,3\,9\,4\,7 \\ 6\,7\,9\,3 \\ \hline \end{array}$

....

Beispiel

Jetzt wollen wir auch Summen mit mehr als zwei Summanden berechnen.

Hierbei kannst du das Kommutativgesetz und Assoziativgesetz so einsetzen, dass überschaubare, leicht zu addierende Teilergebnisse entstehen, etwa 5, 10, 20 usw.

T	H	Z	E
	2	7	5
	2	6	8
	6	1	3
	8	7	2
	9	4	7
2	9	7	5

Addition

Aufgaben D 15

Addiere jetzt mehrere Summanden und versuche, die Einer, Zehner, Hunderter usw. geschickt zusammenzufassen. Addiere zunächst zu einer groben Kontrolle die gerundeten Zahlen und trage dieses Ergebnis in das Kästchen ein.

Nimm dann für die Nebenrechnung ein gesondertes Blatt und trage das Ergebnis hinter dem Gleichheitszeichen ein.

a) 875 + 232 + 493 + 746 = ... ☐

b) 2 381 + 8 122 + 5 439 + 6 914 = ... ☐

c) 6 834 + 9 454 + 8 573 + 7 313 = ... ☐

d) 1 825 + 2 316 + 6 877 + 5 319 = ... ☐

D 16

Versuche direkt in der Zeile ohne Nebenrechnung zu addieren.
Das Zahlenwunder:

```
        1 + 9             =                    1 0
       1 2 + 9 8          =                   1 1 0
      1 2 3 + 9 8 7       = ........................
     1 2 3 4 + 9 8 7 6    = ........................
    1 2 3 4 5 + 9 8 7 6 5 = ........................
   1 2 3 4 5 6 + 9 8 7 6 5 4 = ....................
  1 2 3 4 5 6 7 + 9 8 7 6 5 4 3 = ..................
 1 2 3 4 5 6 7 8 + 9 8 7 6 5 4 3 2 = ...............
1 2 3 4 5 6 7 8 9 + 9 8 7 6 5 4 4 2 1 = ............
```

Sicher hast du es bemerkt: Beim „Zahlenwunder" habe ich in der letzten Zeile eine Ziffer geändert.

D 17

Addiere die Zahlen jeder Zeile und jeder Spalte. Addiere anschließend die Ergebnisse in der unteren Zeile und dann die in der rechten Spalte. Wenn du richtig gerechnet hast, erhältst du in beiden Fällen für das Kästchen den gleichen Wert.

a)

```
813 + 945 = ...............
674 + 493 = ...............
824 + 751 = ...............
492 + 832 = ...............
_____
........ + ........ = ☐
```

Addition   79

b)

$58 + 82391 =$ ....
$239 + 3146 =$ ....
$74851 + 603 =$ ....
$8437 + 9184 =$ ....

.... + ... = ☐

c)

$6027 + 8513 + 7601 + 8732 =$ ....
$3579 + 3258 + 194 + 966 =$ ....
$9806 + 6541 + 8719 + 6481 =$ ....
$147 + 864 + 9867 + 1532 =$ ....

.... + ... + ... + ... = ☐

Aufgabe D18

Wenn du dich beim Addieren noch nicht sicher fühlst, dann rechne auch noch dieses etwas größere Beispiel aus. Lass dir Zeit, damit sich kein Fehler einschleicht.

$9326 + 1347 + 8243 + 4197 + 5136 =$ ....
$86 + 596 + 597 + 835 + 72 =$ ....
$74 + 47 + 258 + 5834 + 4319 =$ ....
$6394 + 6945 + 296 + 796 + 5316 =$ ....
$147 + 724 + 95 + 485 + 527 =$ ....

.... + ... + ... + ... + ... = ☐

4. Umfang, Vielecke

Hans hat in den Sand eine Figur gezeichnet und will wissen, wie lang seine „Striche" insgesamt sind. Gerda weiß, wie man es macht: Sie misst die Strecken und addiert.

Addition

Zeichne die Strecken: [AC], [CB], [BE], [EF], [FD].

Vergiss nicht: Dein Bleistift soll gut gespitzt sein.

Aufgabe D19

```
        B           F
        o           o
                            o D


   A o          o           o
                C           E
```

Du könntest die Strecken hintereinander alle „in einem Zug" zeichnen. Die so entstandene Figur heißt **Streckenzug**.

> Mehrere aneinander gereihte Strecken bilden einen Streckenzug.

Eine Spinne hat auf ihrem Netz den Streckenzug von A nach H zurückgelegt. Miss die einzelnen Strecken nach und addiere.

Aufgaben D20

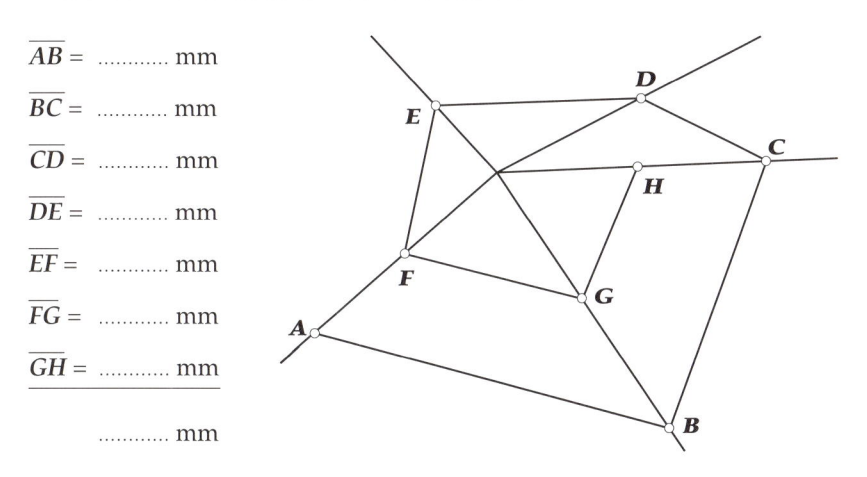

$\overline{AB}$ = ... mm

$\overline{BC}$ = ... mm

$\overline{CD}$ = ... mm

$\overline{DE}$ = ... mm

$\overline{EF}$ = ... mm

$\overline{FG}$ = ... mm

$\overline{GH}$ = ... mm

.... mm

Die Spinne ist insgesamt .... cm gekrabbelt.

Gegeben sind die Punkte A, B, C, D, E. Zeichne für die Teilaufgaben a) und b) jeweils die angegebenen Strecken. Welcher Unterschied zwischen den beiden Figuren fällt besonders auf?

D21

a) [AB], [BE], [EC], [CD]   b) [AB], [BC], [CD], [DE], [EA]

```
        E                           E
        o                           o
   A o          o D            A o          o D

   B o          o C            B o          o C
```

Der eine Streckenzug (a) ist offen, der andere (b) ist geschlossen.

Addition

Mit einem geschlossenen Streckenzug erhält man ein **Vieleck**, auch **Polygon** genannt.

Bei einem Vieleck heißen die begrenzenden Strecken **Seiten**, deren Endpunkte **Ecken**. Vielecke werden auch nach der Anzahl der Ecken **genauer** benannt: Dreieck, Viereck, Fünfeck usw.

Aufgaben

D 22 Zähle die Ecken und gib bei jedem Vieleck die genauere Bezeichnung an:

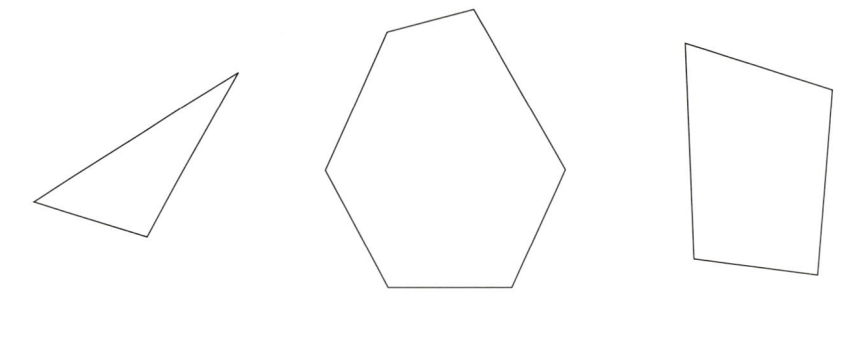

....

D 23 Großvaters Lattenzaun ist morsch. Er beschließt daher, einen Zaun aus Maschendraht zu kaufen. Gerda und Hans messen die Seiten des Grundstückes ab. Es sind 20,8 m, 12,7 m, 21,9 m und 15 m. Wir addieren die Längen:

....

Großvater braucht .... m Maschendraht, das sind aufgerundet: .... m.

Bei dieser Aufgabe haben wir den **Umfang *u*** des Gartengrundstückes berechnet. Bei jedem Vieleck ist der Umfang die Summe aus der Länge der Seiten.

Addition

Welches der beiden Quadrate ist größer? Miss die Seiten und berechne den Umfang.

Aufgaben D 24

$u =$ ....

$u =$ ....

Berechne den Umfang u der vier Vielecke und schreibe dazu, ob es sich um ein Dreieck, Viereck usw. handelt.

D 25

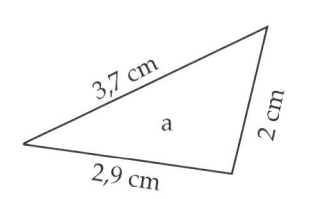

a)
3,7 cm
a
2 cm
2,9 cm

$u =$ ....
Das Vieleck ist ein

....

b)
2,5 cm
1,4 cm
b
2 cm
2,2 cm

$u =$ ....
Das Vieleck ist ein

....

c)
3,8 cm
2 cm
c
3,7 cm
3,1 cm
2,2 cm

$u =$ ....
Das Vieleck ist ein

....

d)
28 mm
25 mm
30 mm
d
18 mm
33 mm
27 mm

$u =$ ....
Das Vieleck ist ein

....

Addition 83

5. Addition von Größen

Aufgabe D 26

Hans hatte der Mutter geholfen, die eingekauften Lebensmittel in die Wohnung zu bringen. Er ließ den Tragebeutel auf einen Stuhl fallen und packte aus. Es waren 500 g Zucker, 750 g Butter, 2,5 kg Kartoffeln, 1,5 kg Mehl, 375 g Nudeln und 625 g Fleisch. Wie viel hat Hans insgesamt getragen?

Aufgepasst: Gramm und Kilogramm sind verschiedene Einheiten. Bevor du die Summe berechnest, müssen zunächst alle Größen in der gleichen Einheit angegeben werden, zum Beispiel in g.

500 g + 750 g + 2,5 kg + 1,5 kg + 375 g + 625 g =

= 500 g + 750 g + 2 500 g + 1 500 g + 375 g + 625 g =

= .... g.   Hans hat insgesamt .... kg getragen.

Es dürfen nur Größen gleicher Einheit addiert werden.

Aufgaben D 27

Gerda fliegt mit den Eltern und ihren Geschwistern in die Ferien. Sie und Hans haben für die Spielsachen nur einen Koffer, der 1 kg schwer ist und gefüllt nicht mehr als 14 kg wiegen darf. Sie wollen gerne mitnehmen: eine Luftmatratze 3,5 kg, sieben Bücher, zusammen 2,9 kg, den Teddy 460 g, ein Springseil 600 g, Bocciakugeln 4,8 kg, zwei Quartettspiele, zusammen 180 g, das Spielzeugauto 1,8 kg und ein großes Badetuch 560 g.

a) Rechne aus, wie viel der volle Koffer wiegt.

1 kg + 3,5 kg + 2,9 kg + 460 g + 600 g + 4,8 kg + 180 g + 1,8 kg + 560 g =

= *1 000 g* + ...

.... = ... g.

Der volle Koffer wiegt .... kg.

b) Welchen Gegenstand müssen die Kinder zurücklassen, damit der Koffer genau 14 kg wiegt? Zurückbleiben muss ....

D 28

Mit wie viel kg Fracht fährt der Lieferwagen zum Bahnhof?

17,4 kg + 26,6 kg + 11,9 kg + 32,1 kg + 36 kg = ...

Der Lieferwagen fährt mit .... kg Fracht zum Bahnhof.

Aufgaben

D 29

Zwei Mannschaften spielen gegeneinander Schlagball-Weitwurf. Gewonnen hat die Mannschaft, die das 100 m entfernte Ziel mit den wenigsten Würfen erreicht hat.

Die Mannschaft A wirft:
27,2 m + 13,8 m + 18,5 m + 22,7 m + 25,2 m = ...

Die Mannschaft B wirft:
26,4 m + 27,3 m + 18,9 m + 27,8 m = ...

Gewonnen hat die Mannschaft .... mit .... Würfen.

D 30

Paul unternimmt mit seiner Freundin eine mehrtägige Wanderung. Sie legen am 1. Tag 25 km, am 2. Tag 18,6 km und am 3. Tag 31,8 km zurück. Am 4. Tag verstaucht sich Pauls Freundin den Fuß. Sie müssen nach 800 m aufgeben. Wie viele km sind sie insgesamt gegangen?

Paul und seine Freundin sind insgesamt .... km gegangen.

D 31

Paul schreibt seine wöchentlichen Ausgaben auf. Hilf ihm beim Ausrechnen seiner wöchentlichen Ausgaben und gib die Ergebnisse auch gerundet auf Zehner-Stellen an.

Gerundet:

In der 1. Woche:
1,68 € + 12,35 € + 28,45 € + 28,05 € = ... €, ... €.

In der 2. Woche:
35,46 € + 8,16 € + 38,04 € + 46,50 € = ... €, ... €.

In der 3. Woche:
54,65 € + 19 € + 11,72 € + 21,05 € = ... €, ... €.

In der 4. Woche:
73,45 € + 28,50 € + 82 € + 72,80 € = ... €, ... €.

Berechne die Summen und vergleiche: .... €, ... €.

Paul hat in diesen vier Wochen .... € ausgegeben.

Addition 85

Subtraktion

Benutze bitte auch jetzt keinen Taschenrechner!

1. Die Differenz

Wir rechnen mit zwei Linealen:

I	0	1	2	3	4	5	6	7	8	9	10
II	9	8	7	6	5	4	3	2	1	0	

An der gezeigten Einstellung lesen wir ab: 9 cm – 4 cm = 5 cm.

4 wurde von 9 **subtrahiert** (abgezogen):

9 – 4   (Lies: *9 minus 4*).

Das ist eine **Differenz**. Die erste Zahl der Differenz (9) heißt **Minuend**, die zweite Zahl (4) **Subtrahend**.

> Eine kleine Merkhilfe:
> M (<u>M</u>inuend) kommt im Alphabet vor S (<u>S</u>ubtrahend).

Das Ergebnis (5) wird **Wert der Differenz** genannt, das Zeichen – heißt **Minuszeichen**.

$$9 \;-\; 4 \;=\; 5$$

Minuend minus Subtrahend = Wert der Differenz
$\underbrace{\qquad\qquad\qquad\qquad\qquad}_{\text{Differenz}}$

Aufgabe E1

Lies bei den beiden Linealen I und II auch folgende Ergebnisse ab:

9 – 1 = ...   9 – 6 = ...   9 – 3 = ...

Für die Differenz 9 – 4 kann man statt der Lineale I und II auch Pfeile (**Vektoren**) einsetzen. Wir beginnen mit einem Pfeil der Länge 9 cm:

Beispiel

⊢─────────────────────▶ 9

An die Spitze dieses Pfeiles hängen wir die Spitze eines zweiten Pfeiles der Länge 4 cm an:

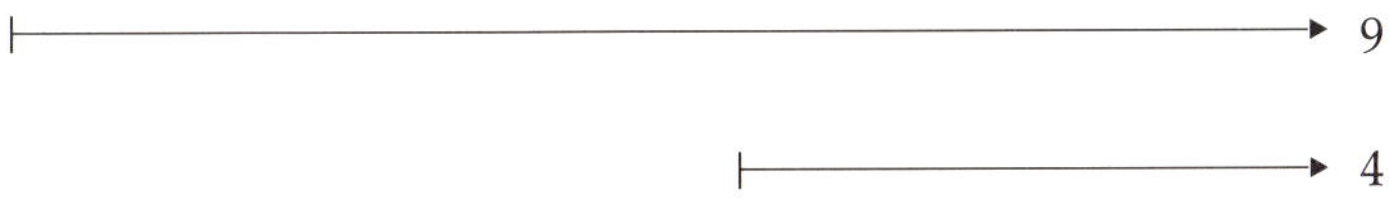

⊢─────────────────────▶ 9

⊢──────────▶ 4

Diesen ergänzen wir mit einem dritten, der vom Anfangspunkt des ersten zum Anfangspunkt des zweiten Pfeiles reicht:

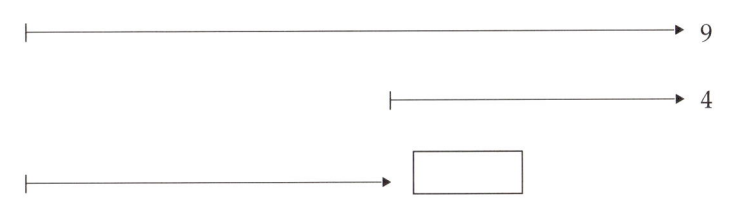

⊢─────────────────────▶ 9

⊢──────────▶ 4

⊢──────────▶ ☐

Miss die Länge des dritten Pfeiles und trage die Maßzahl in das Kästchen ein.

Aufgaben
E 2

Ermittle den Wert der Differenz mit Vektoren. Benutze für deine Zeichnung ein gesondertes Blatt.

E 3

5 – 4 = ...   6 – 2 = ...

a) Um das nächste Feld auszufüllen, musst du immer 11 subtrahieren. Du hörst auf, wenn die berechnete Zahl kleiner als 11 ist.

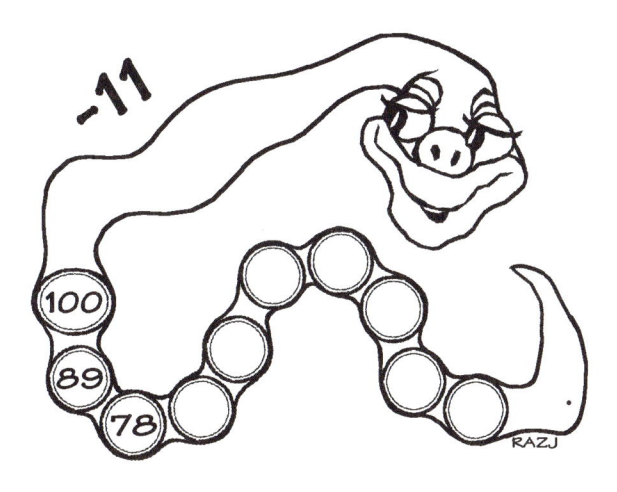

E 4

Subtraktion

b) Um das nächste Feld auszufüllen, musst du immer 7 subtrahieren. Du hörst auf, wenn die berechnete Zahl kleiner als 7 ist. Welches ist diese zuletzt berechnete Zahl? Was fällt dir dabei auf?

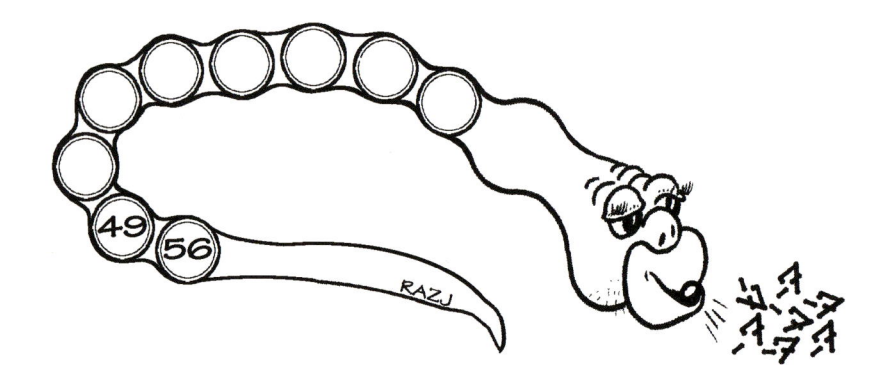

Sind Minuend und Subtrahend gleich, so ist der Wert der Differenz null.

Aufgabe E5 Wandertag. Die Klasse 5A wird mit dem Bus heimgefahren. Es sind 32 Kinder. Am Stadtplatz steigen 14 Kinder aus.

a) Wie viele Kinder bleiben im Bus? Wir rechnen: 32 .... 14 = ...

Es bleiben noch .... Kinder im Bus.

b) An der Schule steigt keines der Kinder aus. Wir subtrahieren daher null von der Zahl der Kinder und erhalten: .... – 0 = ...

Wird null von irgendeiner Zahl subtrahiert, so ist der Wert der Differenz gleich dieser Zahl.

In Kurzform: $a - 0 = a$

Aufgabe E6 Stelle fest, ob die folgenden Aussagen wahr oder falsch sind. Wiederhole bei dieser Gelegenheit die Bedeutung der Zeichen: $\neq, >, <$.

	wahr	falsch		wahr	falsch
$5 - 0 \neq 5$	☐	☐	$6 - 0 < 6$	☐	☐
$5 - 0 \neq 6$	☐	☐	$6 - 0 \leq 6$	☐	☐
$3 - 0 = 3$	☐	☐	$9 - 0 > 9$	☐	☐
$0 - 0 = 0$	☐	☐	$9 - 0 > 8$	☐	☐

Versuche, ob du mit Kopfrechnen die Subtraktionstafel vervollständigen kannst. Für jedes Feld wird die Zahl in der Spalte (Subtrahend) von der in der Zeile (Minuend) abgezogen. Ein Beispiel:

Aufgabe E7

17 steht in der dritten Zeile (Minuend), 8 steht in der vierten Spalte (Subtrahend). Im dazugehörigen Feld (Kreuzung der dritten Zeile mit der vierten Spalte) muss 9 stehen, wegen 17 − 8 = 9.

a)

Subtrahend

−	6	9	7	8	4
11	5				
13					
17				9	
19					
14					
20					

Minuend

Subtrahend

−	21	17	9	33	12
58					
77			68		
49					
60					
85	64				
102					

Minuend

b) Hast du die beiden Subtraktionstafeln fehlerfrei berechnet, kannst du die nächsten zwei überspringen.

Subtrahend

−	11	17	13	19	14
22					
25			12		
28					
24				10	
26					
30					

Minuend

Subtrahend

−	12	17	23	28	34
31					
29	17				
34					
45					
36					
50					

Minuend

Subtraktion

2. Schriftliches Subtrahieren

```
T H Z E
  4 7 7
- 3 0 5
─────────
  1 7 2
```

Ein Beispiel: 477 − 305 = ? Auch beim schriftlichen Subtrahieren ist es wichtig, die Ziffern **genau** untereinander zu schreiben: Einer (E) unter Einer, Zehner (Z) unter Zehner, Hunderter (H) unter Hunderter usw.

Aufgabe E8 Trainiere:

a)   4 7 6
   −   6 4
   ────────
   ....

b)   7 3 2 1
   − 6 2 1 0
   ──────────
   ....

c)   3 5 4 2
   − 3 3 3 2
   ──────────
   ....

d)   1 9 7 6 5
   −   8 6 6 3
   ────────────
   ....

Beispiel Bei den Beispielen der Aufgabe E8 hast du alle Ziffern leicht subtrahieren können. Das schriftliche Rechnen ist nicht immer so einfach. Beispiel: 57 − 29

```
  5 7
− 2 9
──────
```
Wie du siehst, ist 9 größer als 7 und kann nicht abgezogen werden. Wir müssen uns daher eine Einheit von der nächsthöheren Stelle holen, also 9 von 17 abziehen.

Gedacht wird: 9 und **wie viel** ist 17? Gesprochen wird: 9 + **8** = 17, 1 gemerkt; die 8 wird dabei betont.

Bei diesem ersten Rechenschritt haben wir den Minuenden um 10 vergrößert, jetzt müssen wir auch den Subtrahenden um den gleichen Betrag (10) vergrößern. Wir addieren daher an der nun folgenden Stelle 1 und sprechen:

1 + 2 = 3, 3 + **2** = 5, betont wird 2.

Noch einmal, zusammengefasst:

5 7	Lies: 9 und **8** ist 17,	5 7	Lies: 1 (gemerkt) und **2** ist 3,
− 2 9	1 gemerkt.	− 2 9	3 und **2** ist 5.
─────		─────	
8		2 8	

Aufgabe E9 Hier ein paar Beispiele zum Üben:

a)   9 2
   −   5 7
   ────────
   ....

b)   2 1 3
   −   8 5
   ────────
   ....

c)   5 2 1 4
   − 2 8 3 8
   ──────────
   ....

d)   6 8 2 3
   − 5 6 5 4
   ──────────
   ....

Subtraktion

Jetzt wollen wir Zahlen auch in *einer* Zeile subtrahieren. Dabei müssen wir aber auf den **Stellenwert** der Ziffern achten. Du kannst dir am Anfang auch mit Punkten über den Stellen helfen, die du gerade berechnest.

	H Z E	H Z E	H Z E
Rechne fertig:	3 0 3̇ –	1 8 7̇ =	 6

Aufgaben
E 10

Deine Fertigkeiten beim Subtrahieren kannst du jetzt gewiss rasch steigern: E 11

a) 4 5 9 – 4 0 4 = ...   8 4 3 5 – 2 3 4 = ...

b) Und nun ein wenig schwieriger. Mach's gut!

1 0 3 – 8 7 = ...   3 2 0 – 1 8 3 = ...

6 0 7 1 – 2 9 7 = ...   8 7 2 8 – 7 9 4 7 = ...

3. Subtraktion von Größen

Die Zugspitze ist 2 964 m über dem Meeresspiegel hoch. Berechne den Höhenunterschied …   E 12

a) zur Wasserkuppe (Rhön), 950 m: 2 964 m – 950 m = ... m,

b) zum Brocken (Harz), 1142 m: 2 964 m – 1 142 m = ... m,

c) gegenüber München, 531 m: 2 964 m – 531 m = ... m,

d) und gegenüber Leipzig, 113 m: 2 964 m – 113 m = ... m.

Gerdas Mutter bäckt einen Kuchen. Aus einem großen Behälter mit 7 kg Mehl nimmt sie 375 g. Wie viele kg Mehl bleiben ihr noch?
Aufgepasst: Gramm und Kilogramm sind verschiedene Einheiten!   E 13

Es dürfen nur Größen gleicher Einheit subtrahiert werden.

Bevor wir also die Differenz berechnen, müssen alle Größen in der gleichen Einheit angegeben sein:

7 kg – 375 g = 7 000 g – 375 g = ... g.

Gerdas Mutter bleiben noch .... kg Mehl.

Aufgaben

E14 Der Fuhrunternehmer „Schnell und Sicher" erhält den dringenden Auftrag, möglichst viele Tonnen Äpfel in die Limonaden-Fabrik zu bringen. Leider sind seine zwei Fahrzeuge bereits teilweise mit anderer Ware beladen:

a) Der 1. Lieferwagen, zugelassen für 6 t Ladegewicht, hat bereits 850 kg Gemüse geladen. Wie viele kg Äpfel kann er noch aufladen?

....

Er kann noch .... kg Äpfel dazu laden.

b) Der 2. Lieferwagen, zugelassen für 4 t Ladegewicht, hat bereits eine Fracht von 2 810 kg Kartoffeln. Wie viele kg Äpfel nimmt er mit?

....

Er kann noch .... kg Äpfel verladen.

c) Wie viele kg (t) Äpfel kann „Schnell und Sicher" als erste Lieferung zur Fabrik bringen?

....

Die erste Lieferung Äpfel beträgt .... kg = ... t.

E15 Der Radsportverein „Blaues Trikot" will mit seiner Jugendgruppe eine 541 km lange Strecke zurücklegen.

a) Am ersten Tag werden 95,4 km gestrampelt. Wie viele km stehen der Mannschaft noch bevor? ....

Es müssen noch .... km gefahren werden.

b) Am zweiten Tag legen die Radler 87,9 km zurück. Berechne die Reststrecke. ....

Die Reststrecke beträgt noch .... km.

c) Am dritten Tag wird die Fahrt wegen sehr starkem Schneetreiben nach 9 800 m abgebrochen. Wie weit ist die Mannschaft noch von ihrem Ziel entfernt? ....

Die Mannschaft bricht die Fahrt .... km vom Ziel entfernt ab.

Eine Arbeitsgruppe pflastert von einer 46 m² großen Terrasse am ersten Tag 2 660 dm², den Rest am zweiten Tag. Wie viele m² sind das?

Aufgaben E 16

....

Am zweiten Tag werden .... m² gepflastert.

Ein Weingut hat in einem großen Fass 8,3 hl Wein. Der Kellermeister füllt 83 l in Flaschen.

E 17

Wie viel Wein ist noch im Fass?

....

....

In dem Fass sind noch .... l =

= .... hl Wein.

Ein Müllcontainer fasst 5,23 m³ Müll. Er wird mit 1 780 l Sand gefüllt. Du erinnerst dich: 1 l = 1 dm³. Wie viele m³ Bauschutt haben noch Platz?

E 18

....

Man kann den Container noch mit .... m³ Bauschutt füllen.

4. Der Ansatz

4.1 Die Subtraktion als Umkehrung der Addition

Schau die Maschine an. Sie verarbeitet zwei Zahlen zu einer Summe. Durch eine Störung ist zwar der Wert der Summe bekannt, es fehlt jedoch einer der Summanden. Wir wollen ihn herausfinden:

9 + □ = 25

Das Kästchen ersetzen wir durch den Platzhalter (die **Variable**) x und schreiben jetzt:

9 + x = 25

Subtraktion

Dies bedeutet: Wie viel (x) muss man zu 9 dazugeben, um 25 zu erhalten? Die Lösung ergibt sich durch eine Differenz: $x = 25 - 9$

Der Rechenvorgang sieht also wie folgt aus:

$9 + x = 25$
$x = 25 - 9$
$x = 16$

Achtung: Wenn man die Gleichheitszeichen untereinander setzt, hat man einen besseren Überblick und vermeidet Fehler!

Aufgaben

E19 Behebe auch die nächsten Störungen der Maschine:

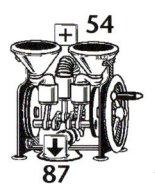

21 [+] → 30

25 [+] → 37

[+] 54 → 87

$30 - 21 = \ldots$ ....

E20 Berechne x.

a) $39 + x = 100$
$x = 100 - 39$
$x = \ldots$

b) $x + 43 = 97$
$x = \ldots$
$\ldots$

c) $x + 935 = 1111$
$x = \ldots$
$\ldots$

Beispiel In einem alten Rechenbuch steht die Aufgabe: „Zu welcher Zahl muss man 17 addieren, um 55 zu erhalten?"

Die noch unbekannte Zahl, die addiert werden soll, nennen wir x. Zu x muss 17 addiert werden, $x + 17$, um als Ergebnis 55 zu erhalten: $x + 17 = 55$. Damit ist es gelungen, den Text der Aufgabe in eine „mathematische Zeichensprache" zu übersetzen:

Zu welcher Zahl muss man 17 addieren, um 55 zu erhalten?
$\quad x \quad\quad + \quad 17 \quad = \quad 55$

Den in die mathematische Zeichensprache umgesetzten Text einer Aufgabe nennen wir den **Ansatz**.

Die Lösung einer Aufgabe mit Ansatz erfolgt in drei Schritten:

1. Ansatz: $x + 17 = 55$
2. Berechnung: $x = 55 - 17$
   $x = 38$
3. Antwort: Der gesuchte Summand ist die Zahl 38.

Ein weiteres Beispiel, rechne fertig:

Welche Zahl muss man zu 46 addieren, um 95 zu erhalten?

Aufgaben
E 21

Ansatz: $46 + x = 95$

Beachte den Unterschied, auch beim Ansatz. Zuvor hat es geheißen:
„Zu welcher Zahl ....", dieses Mal lautet der Text: „Welche Zahl ....".

Berechnung: $x = $ ....

$x = $ ....

Antwort: Der gesuchte Summand ist die Zahl ....

Verfahre wie bei den gezeigten Beispielen:

E 22

a) **Zu welcher Zahl** muss man 37 addieren, um 96 zu erhalten?

Ansatz: ....

Berechnung: ....

....

Antwort: ....

b) **Welche Zahl** muss man **zu** 27 addieren, um 59 zu erhalten?

Ansatz: ....

Berechnung: ....

....

Antwort: ....

Subtraktion

Beispiel Mit einem **Ansatz** werden auch Sachaufgaben berechnet. Dazu ein Beispiel:

Auf einer Radtour hat Paul bereits 432 km zurückgelegt. Wie viele km muss er noch fahren, wenn die geplante Fahrstrecke 635 km lang ist?
Wir schreiben x für die km, die Paul noch zurücklegen wird. Zu den 432 km muss x noch dazu addiert werden: 432 km + x. Die ganze Fahrstrecke misst 635 km, deshalb schreiben wir jetzt den Ansatz: 432 km + x = 635 km.

Aufgaben

E 23 Löse die Aufgabe auf einem gesonderten Blatt und trage die Antwort ein:

Paul muss noch .... km fahren.

E 24 Führe die Berechnungen auf einem gesonderten Blatt durch, trage hier den Ansatz und die Antwort ein:

a) Zu ihrem Ersparten bekommt Gerda noch 12,85 € von ihrer Mutter, um ein Buch kaufen zu können, das 27,50 € kostet. Wie hoch waren ihre Ersparnisse?

Ansatz: ....

Antwort: Gerdas Ersparnisse betrugen .... €.

b) Der Steuermann eines Ruderbootes wiegt 43,25 kg. Wie viele kg Sand in Säckchen muss er in dem Ruderboot mitnehmen, damit das vorgeschriebene Mindestgewicht von 50 kg erreicht wird?

Ansatz: ....

Antwort: ....

c) Man braucht noch 126 l Wein, um ein Fass von 10 hl ganz zu füllen. Wie viele l Wein waren ursprünglich im Fass?

Ansatz: ....

Antwort: ....

4.2 Berechne den Minuenden

Wir erinnern uns: Der Minuend bei der Differenz ist die zuerst geschriebene Zahl.

Beispiel Von einer Wurst, die x g wiegt, schneidet Gerdas Mutter ein Stück von 50 g herunter. Wie schwer ist die ganze Wurst, wenn der Rest noch 500 g wiegt?

Die Waage zeigt uns den Ansatz:

$x - 50$ g = 500 g

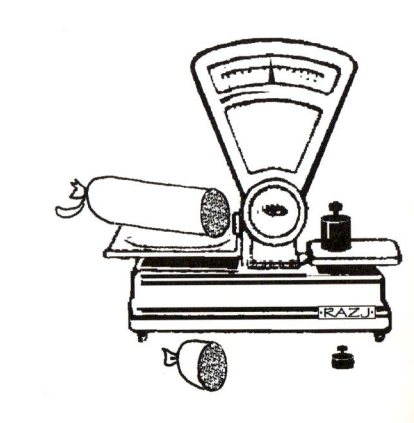

Jetzt legen wir das abgeschnittene Wurststück auf eine Waagschale, das Gewichtstück zu 50 g auf die andere. Somit ist:

$x = 500\,g + 50\,g$

Schritt für Schritt sieht die Rechnung so aus:

$x - 50\,g = 500\,g$
$x = 500\,g + 50\,g$
$x = 550\,g$

Die ganze Wurst wiegt 550 g.

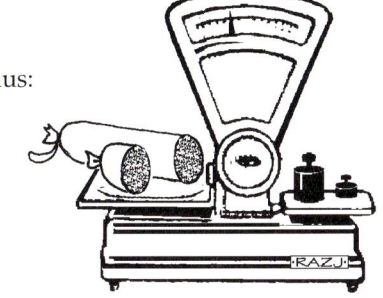

Das Beispiel mit der Waage zeigt uns:

Wir berechnen den Minuenden, indem wir den Subtrahenden zum Wert der Summe addieren.

Übe:

Aufgabe E 25

a) $x - 16 = 99$
   $x = 99 + 16$
   $x = $ ....

b) $x - 95 = 70$
   $x = $ ....
   ....

c) $x - 23\,km = 47\,km$
   $x = $ ....
   ....

d) $x - 38\,m^2 = 105\,m^2$
   $x = $ ....
   ....

Nun zu einer Textaufgabe:

Von welcher Zahl muss man 27 subtrahieren, um 38 zu erhalten?

$x \quad - \quad 27 \quad = \quad 38$

Der **Ansatz** lautet somit: $x - 27 = 38$

Rechne auf einem gesondertem Blatt, trage den Ansatz und die Antwort ein.

Aufgabe E 26

a) **Von welcher Zahl** muss man 49 subtrahieren, um 57 zu erhalten?

   Ansatz: ....

   Antwort: *Der gesuchte Minuend ist die Zahl* ....

b) Von welcher Zahl muss man 8 495 subtrahieren, um 3 883 zu erhalten?

   Ansatz: ....

   Antwort: ....

Subtraktion

Aufgabe E27 Wenn Paul von seinem Sparkonto 325,50 € abhebt, bleiben ihm noch 830,30 € auf seinem Sparbuch. Wie viel € waren es ursprünglich?

Für den ursprünglichen Geldbetrag schreiben wir x. Von seinem Sparbuch mit dem Betrag x hebt Paul 325,50 € ab und ihm bleiben noch 830,30 €. Dies ergibt den

Ansatz: $x - 325{,}50$ € $= 830{,}30$ €.   Rechne weiter.

Berechnung: ....

....

Antwort: Ursprünglich hatte Paul .... € auf seinem Sparbuch.

Dies war eine Sachaufgabe. Sie war doch nicht schwerer als die Textaufgaben zuvor?

Aufgabe E28 Zum Üben noch ein paar Sachaufgaben. Löse sie mit einem x-Ansatz, trage diesen und die Antwort ein, berechne auf einem gesondertem Blatt.

a) Ein LKW hat bei einem Kilometerstand von 338 km eine Panne. Bis zu seinem Zielort wären noch 279,5 km zu fahren. Welche Tagesstrecke sollte er zurücklegen?

Ansatz: ....

Antwort: ....

b) Von einer Lieferung Obst werden 29 kg als verdorben weggeworfen. Die restlichen 126 kg werden verkauft. Wie viel kg Obst wurden geliefert?

Ansatz: ....

Antwort: ....

Wir berechnen den Minuenden auch, wenn wir die **Probe für eine Differenz** machen wollen. Ein Beispiel:

Beispiel

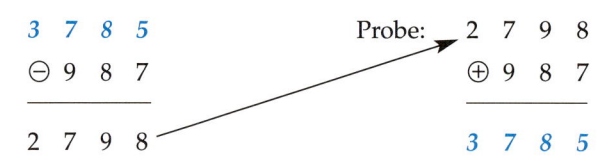

```
   3 7 8 5           Probe:    2 7 9 8
 ⊖   9 8 7                   ⊕   9 8 7
 ─────────                    ─────────
   2 7 9 8                     3 7 8 5
```

Aufgabe E29 Subtrahiere und mache anschließend die Probe:

a) 9 8 5 6   Probe: ....
  −   9 5 9   +   9 5 9
   ─────────   ─────────
    ....

b)   9 8 3 1   Probe: ....
   − 7 9 5 2   + ...
     ─────────   ─────────
      ....

Subtraktion

4.3 Berechne den Subtrahenden

Wir erinnern uns: Der Subtrahend ist bei der Differenz die nach dem Minuszeichen geschriebene Zahl.

Beispiel

Acht Lehrer haben in der Pause eine wichtige Besprechung. Einige (x) müssen früher in den Unterricht, da sie heute Mathe-Klassenarbeiten halten: $8 - x$. Es bleiben noch fünf Lehrer am Besprechungstisch: $8 - x = 5$

Wie viele Lehrer haben heute eine Klassenarbeit angesetzt?

Mit $8 - x = 5$ ist der Ansatz dieser Aufgabe bereits bekannt, deren Lösung sehr leicht zu erkennen ist: $x = 3$.

Wir haben 5 von 8 subtrahiert:
$$8 - x = 5$$
$$x = 8 - 5$$
$$x = 3$$

Antwort: Drei Lehrer müssen wegen einer Klassenarbeit früher zum Unterricht.

Wir berechnen den Subtrahenden, indem wir den Wert der Differenz von dem Minuenden abziehen.

Einige Beispiele zum Üben:

Aufgabe E 30

a) $92 - x = 37$
   $x = 92 - 37$
   $x = \ldots\ldots$

b) $83 - x = 45$
   $x = \ldots\ldots - \ldots\ldots$
   $x = \ldots\ldots$

c) $99\text{ km} - x = 74\text{ km}$
   $x = \ldots\ldots$
   $\ldots\ldots\ldots$

d) $292\text{ g} - x = 173\text{ g}$
   $\ldots\ldots\ldots$
   $\ldots\ldots\ldots$

Subtraktion

Aufgaben

E 31 Auch dieses Mal eine Textaufgabe:

Welche Zahl muss man von 71 subtrahieren, um 42 zu erhalten?

$$71 - x = 42$$

Damit haben wir den

Ansatz: $71 - x = 42$. Rechne fertig:

Berechnung: $x = \ldots\ldots\ldots\ldots\ldots$

$\ldots\ldots\ldots\ldots\ldots\ldots\ldots\ldots$

Antwort: Der gesuchte Subtrahend ist die Zahl $\ldots\ldots$.

E 32 Trage den Ansatz und die Antwort ein, rechne auf einem gesondertem Blatt.

Welche Zahl muss man von 123 subtrahieren, um 87 zu erhalten?

Ansatz: $\ldots\ldots\ldots\ldots\ldots\ldots\ldots\ldots\ldots\ldots\ldots\ldots\ldots$

Antwort: $\ldots\ldots\ldots\ldots\ldots\ldots\ldots\ldots\ldots\ldots\ldots\ldots\ldots\ldots\ldots\ldots\ldots\ldots\ldots\ldots\ldots$.

E 33 a) Von einem 250 m langen Kabel wurde ein großer Teil verlegt. Wie viele m sind verbraucht worden, wenn beim Abtransport noch 27 m auf der Rolle sind?

Ansatz: $\ldots\ldots\ldots\ldots\ldots\ldots\ldots\ldots$

Berechnung: $\ldots\ldots\ldots\ldots\ldots\ldots\ldots\ldots$

$\ldots\ldots\ldots\ldots\ldots\ldots\ldots\ldots$

Antwort: Nach dem Verlegen ist das Kabel auf der Rolle um $\ldots\ldots\ldots\ldots$ m kürzer.

b) Um welche Stückzahl wurde die Jahresproduktion von 8 350 Fernsehgeräten vermindert, wenn nur noch 6 790 Geräte im Jahr ausgeliefert werden?

Ansatz: $\ldots\ldots\ldots\ldots\ldots\ldots\ldots\ldots\ldots\ldots$

Berechnung: $\ldots\ldots\ldots\ldots\ldots\ldots\ldots\ldots\ldots\ldots$

$\ldots\ldots\ldots\ldots\ldots\ldots\ldots\ldots\ldots\ldots$

Antwort: $\ldots\ldots\ldots\ldots\ldots\ldots\ldots\ldots\ldots\ldots\ldots\ldots\ldots\ldots\ldots\ldots\ldots\ldots\ldots\ldots\ldots\ldots\ldots\ldots\ldots$.

Subtraktion

4.4 Textaufgaben zum Trainieren

Bei den folgenden Aufgaben musst du selber angeben, ob du den Summanden, Minuenden oder Subtrahenden berechnet hast. Trage den Ansatz und die Antwort ein. Die Berechnungen machst du auf einem gesonderten Blatt.

Aufgaben

E 34 Welche Zahl muss man von 99 subtrahieren, um 51 zu erhalten?

Ansatz: ....

Antwort: Der gesuchte .... ist die Zahl ....

E 35 Zu welcher Zahl muss man 124 addieren, um 304 zu erhalten?

Ansatz: ....

Antwort: Der gesuchte .... ist die Zahl ....

E 36 Von welcher Zahl muss man 104 subtrahieren, um 64 zu erhalten?

Ansatz: ....

Antwort: Der gesuchte .... ist die Zahl ....

E 37 Welche Zahl muss man zu 323 addieren, um 666 zu erhalten?

Ansatz: ....

Antwort: Der gesuchte .... ist die Zahl ....

E 38 Um welche Zahl muss 278 vermindert werden, wenn man 193 erhalten will?

Ansatz: ....

Antwort: Der gesuchte .... ist die Zahl ....

Subtraktion

Auch Mathe ist machbar,

Der Verfasser dieser Lerntipps war selbst lange Jahre keine Mathe-Leuchte. Erst als er einen Lehrer bekam, der ihm diese vier Dinge klarmachte, ging es aufwärts:

• Mathe = 40% Begabung + 60% Fleiß

Für viele erscheint Mathe wie eine Geheimwissenschaft für Genies. Sicher, wer hyperbegabt ist, hat es leichter – aber die meisten Schüler sind das nicht, auch nicht die mit guten Zensuren.

Wer zu der großen Mehrheit der nur durchschnittlich Begabten gehört, kann durchaus zu mindestens ausreichenden oder besseren Noten gelangen, wenn er kräftig übt.

• Mathe-Aufgaben gehen zu einem großen Teil nach „Schema F"!

Das bedeutet: Nicht jede Aufgabe ist eine völlig neue Aufgabe, bei der man die ganze Mathematik von vorne erfinden muss. Der Stoff für eine Klassenarbeit besteht vielmehr in der Regel aus einer Gruppe von Aufgabentypen, die einander bei genauem Hinsehen sehr ähneln. Wenn man sich das bewusst macht und beim Lernen daran denkt, tut man sich viel leichter. Und wenn man weiß, dass diese sechs oder sieben Aufgabentypen in der Klassenarbeit drankommen, dann kann man sich systematisch darauf vorbereiten.

Lerntipps

Herr Nachbar!

Mathematik ist wie ein großes Spiel:
**Die Zahlen sind die Spielfiguren.
Wie bei jedem Spiel gibt es Regeln
für den Umgang mit den Figuren (= Zahlen)!**

Du hast in deinem Leben schon viele Spiele gelernt, oft recht komplizierte. Mathematik ist auch eine Art von Spiel. Die Zahlen existieren ja nicht wirklich, jemand hat sie erfunden, und er (bzw. die vielen Mathematiker, die eigentlich nur große Spieler sind) hat auch Spielregeln entwickelt. Mathematik lernen bedeutet, Spielregeln zum Umgang mit Zahlen zu lernen.

Mathe-Regeln muss man wiederholen wie Vokabeln!

Viele scheitern in höheren Klassen eigentlich nicht am aktuellen Stoff, sondern daran, dass sie grundlegende Spielregeln nicht mehr kennen. Wer z.B. die Klammerrechnung nicht beherrscht oder die Regel „Punkt vor Strich" vergessen hat, kann auch die höhere Mathematik nicht in den Griff bekommen. Mache dir darum klar, welche alten Grundregeln du nicht mehr beherrschst. Und frage deinen Mathe-Lehrer / deine Lehrerin, welches Grundwissen aus früheren Klassen für den aktuellen Stoff besonders wichtig ist.

Du siehst: Wenn du deine Probleme mit Mathematik lösen willst, ist es sehr hilfreich, deine Einstellung zur Mathematik und zu deinen Schwierigkeiten damit zu ändern.

Betrachte doch Mathe in Zukunft als Spiel, das du regelmäßig spielst (= üben) und das viele Spielzüge (= Aufgabentypen) enthält, die im Kern nach immer derselben Regel funktionieren.

Natürlich gibt es Tipps und Tricks, mit denen man Mathe-Aufgaben besser hinkriegen kann. Eine ganze Reihe davon findest du auf den nächsten Seiten!

Viel Spaß dabei!

Lerntipps

Tipps und Tricks zum besseren Lösen von Mathe - Aufgaben

Hier kommen die versprochenen kleineren und größeren Tipps und Tricks, die du beim Lösen vieler Mathe-Aufgaben einsetzen kannst.

• Aufgaben in Textform (Textaufgaben)

Oft passiert es, dass man bei der Umsetzung des Aufgabentextes in einen mathematischen Ansatz etwas übersieht. Hier ist es hilfreich, wenn du – nachdem du einen Ansatz entwickelt hast – den Text der Aufgabe abdeckst und dann wirklich Wort für Wort aufdeckst; bei jedem Wort (oder Satzabschnitt) überlegst du, ob du die Anweisung im Ansatz berücksichtigt hast. Zugleich kannst du entdecken, ob du nicht vielleicht eine Zahl falsch abgeschrieben hast!

• Um Fehler schneller zu entdecken ...

sollte man nach jeder Zeile gleich nachrechnen. Hilfreich ist es auch, das Ergebnis zu überschlagen, d.h. mit auf- oder abgerundeten Zahlen im Schnellverfahren zu rechnen.

Beispiel: 724 • 214 = ? Um zu überschlagen, rechnet man aus (und das geht sogar im Kopf): 700 • 200 (2 • 700 = 1400, die zwei Nullen von „200" dazu ergibt 140.000).

Wenn das genaue Ergebnis nun wesentlich davon abweicht, erkennst du gleich, dass du irgendwo einen Fehler gemacht hast. Hilfreich ist es natürlich, wenn du einigermaßen im Kopf rechnen kannst – sonst findest du „700 • 200" unter Umständen genauso schwer wie die eigentliche Aufgabe. Verdirb deine Kopfrechenfähigkeit nicht durch dauernde Benutzung des Taschenrechners, auch wenn der noch so bequem ist!
(Kopfrechnen hat übrigens nichts mit logischem Denken zu tun – es ist reine Trainingssache!)

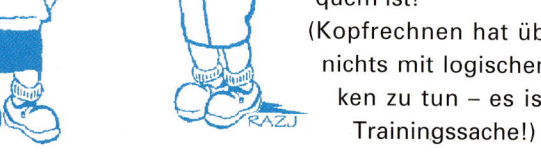

104 Lerntipps

Training auf Zeit betreiben!

Viele sind frustriert, wenn sie feststellen: *„Zu Hause habe ich die Aufgabe gekonnt, in der Schule bin ich nicht fertig geworden."* Das liegt oft daran, dass man nicht geübt hat, eine Aufgabe auch unter Zeitdruck zu lösen. Genau das ist ja in einer Prüfung gefordert! So lange du die Rechenmethode noch nicht beherrschst, solltest du dir Zeit lassen. Wenn du sie aber grundsätzlich kapiert hast und dann übst, solltest du Schritt für Schritt die Zeitgrenze enger ziehen, die du zur Berechnung benötigst.

Erkundige dich bei deinem Lehrer, wie lange du für eine Aufgabe eines gewissen Typs brauchen darfst!

Zauberwort „Nachbereitung"

Was Vorbereitung ist, weiß jeder. Nachbereitung ist genauso wichtig: Bevor man mit seinen Hausaufgaben beginnt, sollte man nämlich kurz den in der Stunde behandelten Stoff wiederholen, unter Umständen auch die letzte Hausaufgabe, wenn sie fehlerhaft war. Man kann nämlich erst dann auf sicherem Grund weiterbauen, wenn man die alten Unsicherheiten beseitigt hat und versteht, was man bei der neuen Hausaufgabe eigentlich tun muss. Wenn du diese Nachbereitung betreibst, wirst du viel mehr auf dem Laufenden sein, Frust und Unlust werden dich weniger beschleichen, und die Zahl der Fehler bei der neuen Hausaufgabe wird geringer sein.

Zahlen und Zeichen sauber schreiben!

Prüfungssituation – da eilt es immer. Man wirft mal schnell ein paar Berechnungen auf ein Extrablatt und schreibt sie später ins Reine – und schon ist's passiert: Schnelles und deshalb oft schlampiges Schreiben kann nicht nur zu Rechenfehlern führen. In einer stressreichen Prüfungssituation liest man dann möglicherweise falsch ab oder rechnet falsch weiter.

Fehler sorgfältig verbessern!

Lehrer und Lehrerinnen sind meistens ziemlich geduldig – und einiges gewöhnt. Aber du tust dir und ihnen einen Gefallen, wenn du sorgfältig und vor allem eindeutig korrigierst, wenn du dich in einer Klassenarbeit verschrieben oder etwas falsch gerechnet hast. Schließlich sind Mathe-Lehrer keine Hieroglyphenforscher! Benutze also einen „Tintenkiller" oder, wenn dir das in der Arbeit zu lange dauert, streiche Fehler klar durch und schreibe neu. Lass keine schwer lesbare (bis nicht entzifferbare) Schmiererei stehen!

Lerntipps

• Von der Werbung lernen: Lernplakate

Überall begegnen dir Werbeplakate. Sie sind möglichst einprägsam gestaltet, haben wenig Text und sind an Orten angebracht, wo man sie nicht übersehen kann. Selbst wenn man sie gar nicht bewusst wahrnimmt, prägt sich ihre Werbebotschaft ein.

Diese Methode kannst du auch beim Mathe-Lernen (und in anderen Fächern!) ausnutzen. Schreibe dir die Formel, das Rechenschema, die Musteraufgabe, die du dir nicht merken kannst, auf ein großes Stück Papier, verziere es vielleicht noch mit einem einprägsamen Bild und hänge es an einer Stelle auf, wo du immer wieder hinschaust – über den Schreibtisch, an die Zimmertür, aufs Klo (sehr wirksam!) ... Man lernt nämlich auch unterbewusst, und vielleicht findest du während einer „Sitzung" sogar die Gelegenheit, dich bewusst mit dem Plakat zu beschäftigen.

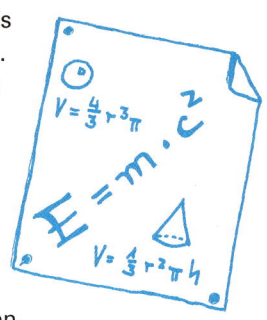

Natürlich darf das Plakat nicht wochenlang dahängen, weil man es dann wirklich nicht mehr wahrnimmt.

• Keinen Schritt auslassen ...

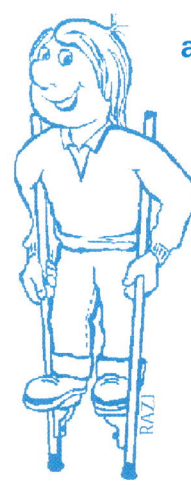

sollte der, der sich gerne verrechnet. Lieber beim Berechnen einer Gleichung einen Schritt mehr machen, als gleichzeitig mehrere Schritte auf einmal durchzuführen und sich dabei zu verrechnen! Außerdem kommt man so auch schneller einem Fehler auf die Spur, wenn das Ergebnis nicht aufgeht oder komisch erscheint. Also: nur kein falscher Ehrgeiz!

• Rechtzeitig und mit Verstand fragen!

Wenn du im Unterricht etwas nicht verstehst, solltest du in dem Moment fragen, wo du nicht mehr mitkommst. Keine Angst vor den anderen! Du kannst sicher sein, dass genügend andere auch Schwierigkeiten haben. Übrigens sind gerade die, die auf eine solche Frage mit blöden Bemerkungen reagieren, oft die, die gar nichts kapieren – ihr Lachen schützt sie sozusagen vor Entdeckung. – Damit du deinem Lehrer hilfst, dir zu helfen, solltest du nicht nur allgemein sagen: *„Ich kapiere alles nicht mehr"*, sondern ihm sagen, bis zu welchem Schritt du noch mitgekommen bist und wo es dann ausgesetzt hat. Das gilt gerade auch für Hausaufgaben. Wenn du deinem Lehrer zeigen kannst: *„Bis hierher bin ich gekommen, weiter nicht"* (statt ihm eine völlig leere Seite zu präsentieren), dann brauchst du auch keine Angst zu haben, dass der Lehrer oder die Lehrerin dich für faul halten könnte!

Bist du auch ein Kamikaze-Flieger?

Tipps für die Heftführung

Kamikaze-Flieger nannte man diejenigen Piloten der japanischen Luftwaffe, die im Zweiten Weltkrieg ihr Flugzeug mit Absicht und gezielt auf gegnerische Schiffe stürzen ließen und dabei umkamen.

Mit Kamikaze-Fliegern verwandt sind die Schüler(innen), die ihr Heft so richtig schön schlampig führen. Sie schaden sich nämlich selbst - nicht kurzfristig (das unterscheidet sie von den japanischen Piloten), denn man spart ja scheinbar viel Mühe, sondern langfristig. Wer nämlich unvollständige, schwer lesbare oder fehlerhafte Mitschriften hat, kann mit solchen Arbeitsunterlagen für die nächste Stunde oder für eine Prüfung viel schlechter lernen, lernt vielleicht sogar Falsches und verschwendet auf jeden Fall viel Zeit damit, sich in dem Durcheinander zurechtzufinden.

Daher eine Reihe von Tipps zur cleveren Heftführung:

Übersichtlichkeit erhalten!

- Nicht zu klein schreiben!
- Zwischen Absätzen bzw. zwischen Überschrift und Text eine Zeile freilassen!
- Links und rechts einen Rand freilassen!
- Insgesamt nicht alles eng „zusammenstoppeln", sondern großzügig mit dem Platz umgehen!
  Wer hier Papier spart, spart am falschen Ende.

Zeichnungen und Skizzen sauber und großzügig gestalten!

✸ Keine Minizeichnungen anlegen! Oder hast du immer eine Lupe dabei?

✸ Keine dicken Filzstifte verwenden, weil sie die Zeichnungen undeutlich werden lassen!

Farben und Unterstreichungen einsetzen!

✸ Wichtiges unterstreichen oder am Rand mit einem Balken markieren!

✸ Farben z.B. für Überschriften oder wichtige Begriffe verwenden!

✸ Vermeide es aber, jede Seite sozusagen in den Malkasten zu tauchen, also ständig andere Farben zu benutzen. Die Farben sollen der Orientierung dienen und dir helfen, den Stoff schnell aufzunehmen. Viele verschiedene Farben verwirren hingegen!

Mit größter Sorgfalt auf Fehlerfreiheit achten!

✸ Schreibst du z.B. in Mathe falsche Zahlen ab, kommst du später bei dem Versuch, eine Aufgabe nochmals durchzuarbeiten, durcheinander und musst viel Zeit und Mühe aufwenden um durchzublicken. Und wenn du einen Fachbegriff falsch abschreibst, wirst du in der Regel bei einer Klassenarbeit Minuspunkte erhalten, selbst wenn du den Begriff richtig anwenden kannst. (Wie oft ist dir all das schon passiert?)

Schreibe einen Hefteintrag lieber noch einmal, wenn er zu unübersichtlich oder schlampig ist. Dabei lernst du im Übrigen bereits den Stoff, vorausgesetzt, du denkst mit und machst das Ganze nicht nur während des Fernsehens.

Neben diesen allgemein gültigen Hinweisen gibt es natürlich noch spezielle Regeln von deinen Lehrern bzw. in bestimmten Fächern, auf die du auch achten solltest.

Bist du etwas klüger als die Kamikaze-Flieger?
Dann nimm dir doch mal Zeit, blättere deine Hefte durch und prüfe selbstkritisch mithilfe der Tipps oben den Zustand deiner Heftführung!

Lerntipps

Stichwortverzeichnis

Du findest hier hinter manchen Zahlen ein f. oder ff. Dann musst du bei den entsprechenden Seiten auch die nächste (f. = eine folgende Seite) oder noch mehrere Seiten (ff. = die folgenden Seiten) lesen.

A

Abrunden   54 ff.
absolut   38
– e Häufigkeit   51
Addieren, schriftliches   77
Addition   71 ff.
–, Eigenschaften der   74 ff.
–, Umkehrung der   93 ff.
– von Größen   84 f.
Anfangspunkt   39
Ansatz   93 ff.
arabische Ziffern   42
Assoziativgesetz   75 f.
Aufrunden   54 ff.
aufzählende Schreibweise   8 ff.
Aussage   28 ff.
– form   29, 31, 34 ff.

B

Basis   47, 50
Begrenzungspunkte   57
beschreibende Form   7

D

dekadisches System   42 ff.
Diagramme, Mengen-   7 ff., 38
Differenz   86 ff.
– menge   19 ff.
–, Probe für die   98
–, Wert der   86, 88, 99

Dreieck   82
Durchschnitt zweier Mengen   12 ff.
Dualsystem   48 ff.

E

echte Teilmenge   27
Ecken   82
Eigenschaften der Addition   74 ff.
Eigenwert   42 f., 52
Einheit   39
–, gleiche   84, 91
–, Flächen-   64 ff.
–, Längen-   58 ff.
–, Masse-   69 f.
–, Raum-   67 ff.
Einheiten am Zahlenstrahl   39
Einheitspunkt   39
Element von; ∈   11
Elemente   7 ff., 39
–, gemeinsame   12 f.
elementefremd   15
endliche Mengen   41 f.
endlos   39
Endpunkte   57
Entfernung   59
Erfüllungsmenge   30
Exponent   47

F

Flächeneinheiten   64 ff.
Form, beschreibende   7 f.
Fünfeck   82

G

gemeinsame Elemente 12 f.
geordnete Mengen 32 f.
geschlossener Streckenzug 82
geschnitten mit; ∩ 13
Gesetz, Assoziativ- 75 f.
–, Kommutativ- 74, 76
–, Verbindungs 75
–, Vertauschungs- 74
gleiche Einheiten 84, 91
– Mengen 27 f.
gleichmächtig 38
Größen 57 ff.
–, Addition von 84 f.
–, Subtraktion von 91 ff.
größer; > 34
Grundmenge 28 ff.
Grundzahl 47

H

Häufigkeit 50 f.
–, absolute 51
–stabelle 51
Hochzahl 47, 50, 66
Hohlmaße 68

K

Klammer 75
kleiner; < 35
Komma 60 ff.
Kommutativgesetz 74, 76
Kubik... 67

L

Länge 57 ff.
Längeneinheiten 58 ff.
–, Umrechnen der 59 ff.
leere Menge 10 f., 15
Leerstelle 31, 62
Leerzeichen 43
Lösungsmenge 28 ff.

M

Masse 69 f.
Maßeinheit 57 ff.
Maßzahl 58
mathematische Zeichensprache 94
Menge, aufzählende Schreibweise der 8 ff.
–, beschreibende Form 7
–, Darstellung einer 7
–, Differenz- 19 f.
–, Durchschnitts- 12 ff.
–, endliche 41 f.
–, Erfüllungs- 30
–, geordnete 32 f.
–, Grund- 28 ff.
–, leere 10 f., 15
–, Lösungs- 28 ff.
– natürlicher Zahlen 38 ff.
–, nichtendliche 41
–, Ober- 22 ff.
–, Rest- 19 f.
–, Schnitt- 12 ff.
–, Teil- 22 ff., 41
–, unendliche 41 f.
–, Unter- 22 ff.
–, Vereinigungs- 16 ff.
Mengen 7 ff.
– diagramme 7 ff., 38
–, gleiche 27 f.

Minuend 86, 88
–, Berechnung 96 ff.
Minuszeichen 86

N

Nachfolger 32 f., 39
natürliche Zahlen 38 ff.
nichtendliche Menge 41
Null 40 f., 43, 46, 52, 60 f., 77, 88

O

Obermenge 22 ff.
– zu; ⊃ 23
ohne; \ 19

P

Pfeil 72, 87
Platzhalter 31, 93
Pluszeichen 71
Polygon 82
Potenz 50
–zahl 50
–, Zehner- 47, 66
–, Zweier- 50
Probe für eine Differenz 98

Q

Quadrat 64 f.
–zahlen 50

R

Rauminhalt 67
–maße 67 ff.
Restmenge 19 f.
römische Zahlzeichen 52 ff.
Runden 54 ff.

S

Schnittmenge zweier Mengen 12 ff.
Schreibweise, aufzählende 8 ff.
schriftliches Addieren 77
schriftliches Subtrahieren 90 f.
Seiten (eines Vielecks) 82
Stellen 42 ff.
–, leere 31
–wert 46, 52, 91
Strecke 57 ff., 81 f.
–, Länge einer 57 ff.
Streckenzug 81
–, geschlossener 82
Strichliste 50 f.
Stufenzahl 46, 49 f.
Subtrahend 86, 97
–, Berechnung 99
Subtrahieren 86 ff.
–, schriftliches 90 f.
Summand 71, 74 ff.
Summe 71 f.
–, Wert der 71, 74, 76 f., 97
System, dekadisches 42 ff.
–, Dual- 48 ff.
–, Zehner- 42 ff.
–, Zweier- 48

T

Teilmenge 22 ff., 41
–, echte 27
– von; ⊂ 23

U

Umfang 80ff.
Umkehrung der Addition 93ff.
Umrechnung: Flächeneinheiten 64ff.
– Hohlmaße 68
– Längeneinheiten 59ff.
– Maßeinheiten 69
– Raumeinheiten 67ff.
Umrechnungszahlen 59, 63, 65, 67, 69
unendlich 41f.
unendliche Mengen 41f.
Untermenge 22ff.
–, echte 27
– von; ⊂ 23
Ursprung 39

V

Variable 31, 93
Vektor 72, 75, 87
Verbindungsgesetz 75
Verbindungslinie 57
vereinigt mit; ∪ 17
Vereinigungsmenge 16ff.
Vertauschungsgesetz 74
Vieleck 80ff.
Viereck 82
Vorgänger 32f., 40

W

Wert der Differenz 86, 88, 89
Wert der Summe 71, 74, 76f., 97
–, Eigen- 42f., 52
–, Stellen- 46, 52, 91

X

x-Ansatz

Z

Zahl, natürliche 38ff.
–, Potenz- 50
–, Stufen- 46, 49f.
Zahlenstrahl 39f.
Zahlzeichen 42ff., 48
–, römische 52ff.
Zehnerpotenz 47, 66
Zehnersystem 42ff.
Zeichensprache, mathematische 94
Ziffern 42
–, arabische 42
–wert 42
Zweierpotenz 50
Zweiersystem 48

MENTOR LERN-HILFE

Band 615

Mathematik
5./6. Klasse

Grund- und Aufbauwissen 1

Mengen, Einheiten,
Addition und Subtraktion

Lösungsteil
(an der Perforation abtrennen)

Herbert Hoffmann

mentor Verlag München

Nach dem Heraustrennen bitte hier klammern

Lösungen Teil A

A1
S. 7

A

A2
S. 9

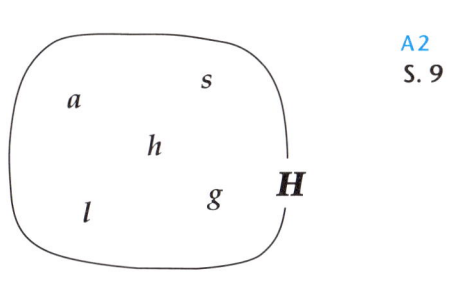

A3
S. 9

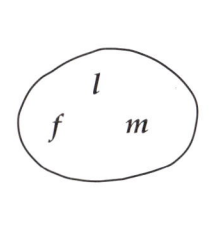

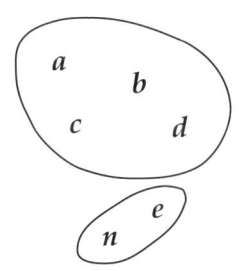

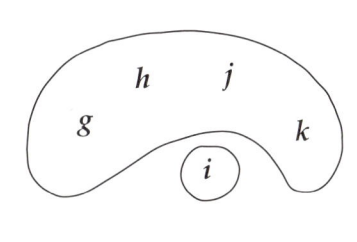

a) $A = \{A, l, i, B, a, b\}$
b) $B = \{z, w, e, i, u, n, d, Z, a, g, h, m, r\}$
c) $C = \{A, l, s, Z, o, g, e, n, t, a, p, w, i, r, u, m, W\}$

A4
S. 10

a) Gib die Anzahl der Elemente an:

$B = \{1, 3\}$ hat 2 Elemente
$C = \{a, b, c, 5\}$ hat 4 Elemente
$D = \{\ \}$ hat kein Element
$E = \{0\}$ hat 1 Element
$F = \emptyset$ hat kein Element

b) Welche der obigen Beispiele sind leere Mengen? D und F

A5
S. 11

$t \in G$ $q \in G$ $a \notin G$ $m \in G$ $s \notin G$
$a \in H$ $s \in H$ $t \notin H$ $q \notin H$ $l \in H$

A6
S. 12

Lösungen 115

A7
S. 13

a)

b) $R \cap K = \{Kurt, Inge\}$
c) Kurt und Inge gehen in die Klasse von Peter und wohnen in der Rosengasse.

A8
S. 14

a) $R = \{g, h, k, i\}$
$K = \{p, k, i\}$
$R \cap K = \{k, i\}$

b) $D = \{c, b\}$ $D = \{a, e, i, u\}$
c) $D = \{1, 3, 5, 7\}$ $D = \{3, 6, 9\}$

A9
S. 15

$A \cap C = \{a, e, i\}$ $A \cap E = \{e\}$ $B \cap E = \{b, c, e\}$ $B \cap C = \{a, e\}$

A10
S. 15

$A \cap B = \{6\}$ $A \cap C = \{3, 6, 9\}$ $A \cap E = \{6, 9\}$ $B \cap E = \{4, 6, 8\}$

A11
S. 15

F: 1, 3, 5, 7

G: 2, 4, 6, 8, 10

A12
S. 16

	elementefremd ja	nein		elementefremd ja	nein
$\{1, 3\}, \{2, 4\}$	☒	☐	$\{7, 8, 9\}, \{4, 5, 6\}$	☒	☐
$\{o, u\}, \{b, u, n, t\}$	☐	☒	$\{h, a, l, t\}, \{e, c, h, o\}$	☐	☒
$\{g, e, o\}, \{m, a, t, e\}$	☐	☒	$\{e, i, l\}, \{a, u, t, o\}$	☒	☐

A13
S. 16

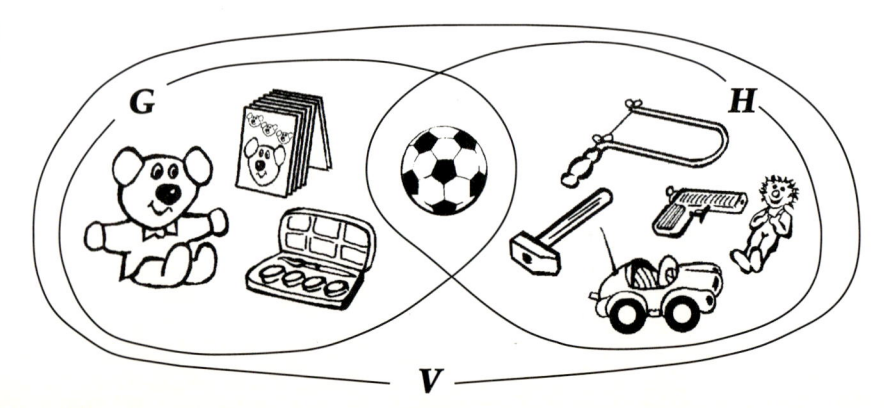

116 Lösungen

a) b)

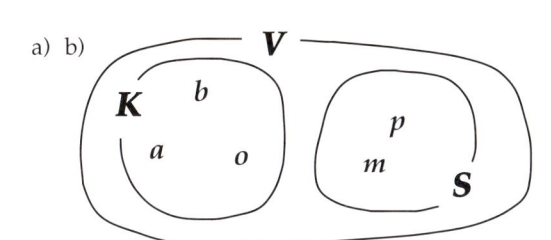

c) $K = \{b, a, o\}$
$S = \{p, m\}$
$V = \{b, a, o, p, m\}$

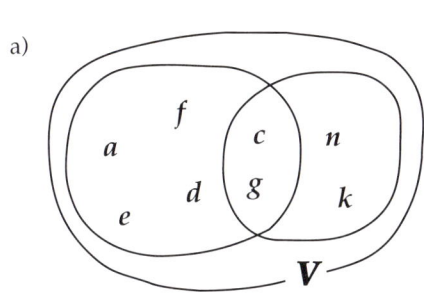

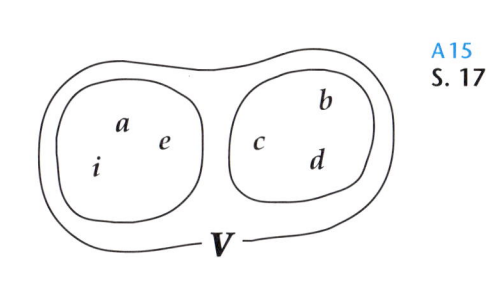

A 14
S. 17

a)

$V = \{a, f, d, e, c, g, n, k\}$ $V = \{a, e, i, b, c, d\}$

A 15
S. 17

b)

$V = \{2, 4, 8, 5, 3, 1\}$ $V = \{10, 12, 14, 20, 22\}$

S. 18

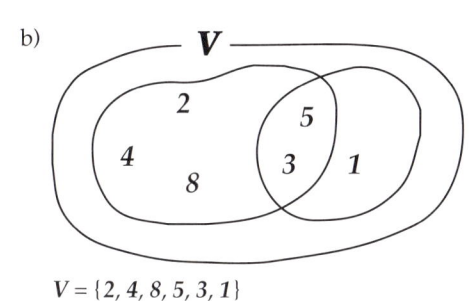

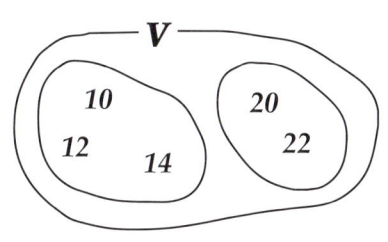

$A \cup C = \{a, e, i\}$ $A \cup E = \{a, e, i, b, c\}$
$B \cup C = \{a, b, c, d, e, i\}$ $B \cup E = \{a, b, c, d, e\}$

A 16
S. 18

$A \cup B = \{3, 6, 9, 0, 2, 4, 8\}$ $A \cup C = \{3, 6, 9\}$
$A \cup E = \{3, 6, 9, 4, 8\}$ $B \cup E = \{0, 2, 4, 8, 6, 9\}$

A 17
S. 18

$\{1, 3, 5\}, \{2, 4, 6\}$	$D = \{\}$	$V = \{1, 2, 3, 4, 5, 6\}$
$\{b, u\}, \{b, u, n, t\}$	$D = \{b, u\}$	$V = \{b, u, n, t\}$
$\{g, e, o\}, \{m, a, t, h, e\}$	$D = \{e\}$	$V = \{g, e, o, m, a, t, h\}$
$\{h, a, t\}, \{h, a, t\}$	$D = \{h, a, t\}$	$V = \{h, a, t\}$
$\{3, 5, 9\}, \{5\}$	$D = \{5\}$	$V = \{3, 5, 9\}$
$\{7, 8\}, \{\}$	$D = \{\}$	$V = \{7, 8\}$

A 18
S. 18

Lösungen

A 19
S. 19

R = {Quartett, Hammer, Laubsäge, Gummipuppe}

A 20
S. 20

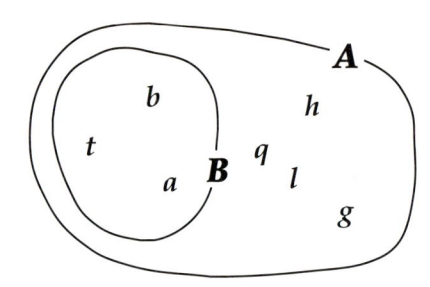

A = {b, t, a, q, h, l, g}
B = {b, t, a}
A \ B = {q, h, l, g}

A 21
S. 20

a) C \ D = {r, s, u, t}   E \ F = { }

b) G \ H = {3, 5, 12, 10}   L \ K = {1, 3, 8, 7, 9, 4}

A 22
S. 21

M \ B = {b, c, d, f, g, h}
M \ C = {a, o}
M \ D = {a, b, c, d, e, f, g, h, i, o, u}

A 23
S. 22

B \ C = {a, o}
C \ B = {b, c, d, f, g, h}
B \ D = {a, e, i, o, u}
D \ B = { }

A 24
S. 22

P \ E = {3, 5, 7, 11}   P \ F = {1, 2, 4, 5, 7, 8, 10, 11}
P \ G = {1, 3, 5, 7, 9, 11}   P \ U = {2, 4, 6, 8, 10, 12}
E \ F = {1, 2, 4, 8, 10}   F \ E = {3}

A 25
S. 23

a) M ist Teilmenge (Untermenge) von B
   B ist Obermenge von M

b) A ist Obermenge von E
   E ist Teilmenge (Untermenge) von A

Lösungen

$T = \{4, 6, 8\}$.

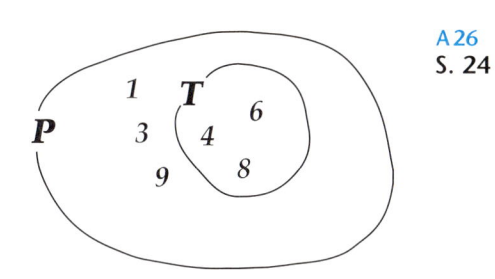

A26 S. 24

P: 1, 3, 9 ; T: 4, 6, 8

$E \subset Z \qquad M \not\subset A \qquad R \supset S$

A27 S. 24

$\{a\} \subset A \qquad \{a, e\} \subset A \qquad \{i, n\} \not\subset A \qquad \{b, c, d\} \not\subset A \qquad \{u, i, e\} \subset A$

A28 S. 25

$\{1, 2\} \subset B \qquad a \notin B \qquad \{5, 6, 7\} \not\subset B$
$1 \in B \qquad \{a, 1\} \not\subset B \qquad 6 \in B$
$\{a, b\} \not\subset B \qquad 0 \notin B \qquad \{6\} \subset B$

A29 S. 25

$e \in \{l, e, g, o\}$
$Ball \notin H$ (Menge der Spielsachen von Hans)
$Wal \in$ Menge der Säugetiere
$\{Auto, Moped\} \subset$ Menge der Fahrzeuge
$Puma \notin \{Tiger, Löwe, Braunbär\}$
$\{2, 4, 6\} \subset$ Menge der geraden Zahlen

$13 \notin$ Menge der geraden Zahlen
$\{1, 2, 3, 4\} \not\subset$ Menge der geraden Zahlen
$Tanne \in$ Menge der Nadelbäume
$t \in$ Menge der Buchstaben des Wortes *witzig*
$\{l, w, t, z\} \subset$ Menge der Buchstaben des Wortes *witzig*

A30 S. 25

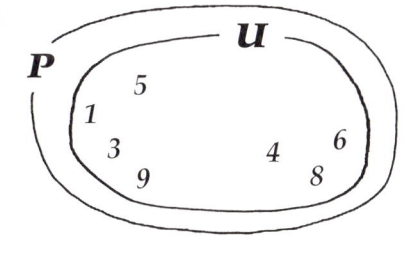

a) P enthält U: U = {5, 1, 3, 9, 4, 6, 8}

b) $U \subseteq P$

A31 S. 27

$C \not\subset D \qquad T \subseteq O \qquad L \subset G$

A32 S. 27

a) $B = \{1, 3, 5, 2\}$ ☐ $C = \{1, 3, 0, 2\}$ ☒
   $D = \{0, 1, 3, 4\}$ ☐ $E = \{2, 1, 3, 0\}$ ☒
   $F = \{5, 3, 1, 2\}$ ☐ $G = \{2, 0, 1, 3\}$ ☒

b) $\{0, 1, 4\}$ ☐ $\{2, 3, 1, 0\}$ ☒ $\{20, 31\}$ ☐
   $\{0\}$ ☒ $\{0, 3, 4\}$ ☐ $\{3, 1, 0\}$ ☒

c) $\{r, o, t\}$ ☒ $\{u\}$ ☒ $\{a, t, u, r, o\}$ ☐
   $\{t, u, r, w\}$ ☐ $\{t, o, s\}$ ☐ $\{a, u, t, o\}$ ☒

A33 S. 28

A 34
S. 29

a)

b) Elke trägt Jeans: *wahr*, Ute trägt Jeans: *falsch*,
Günter trägt Jeans: *wahr*.

A 35
S. 29

	wahr	falsch
Wien ist die Hauptstadt Italiens.	☐	☒
6 ist eine gerade Zahl.	☒	☐
Ein Nebenfluss der Donau ist der Inn.	☒	☐
6 ist um 5 größer als 3.	☐	☒
Paris liegt an der Elbe.	☐	☒
München liegt in Bayern.	☒	☐
Köln hat weniger als 10 000 Einwohner.	☐	☒

A 36
S. 30

a) *L* = {*Hund, Katze*}, b) *L* = {*Gras, Löwenzahn, Rose, Nelke*}.

A 37
S. 30

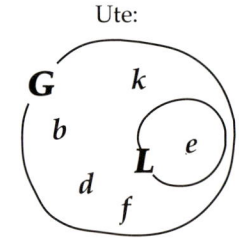

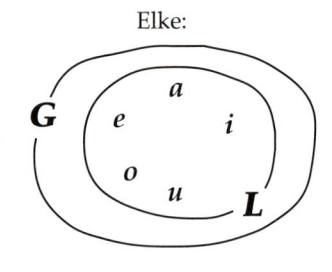

a) Gerda: Ute: Elke:

b) Gerda: *G* = {*m, h, a, i, g*}, *L* = {*a, i*},
Ute: *G* = {*k, b, e, d, f*}, *L* = {*e*},
Elke: *G* = {*a, e, i, o, u*}, *L* = {*a, e, i, o, u*}.

c) Gewonnen hat Elke.

A 38
S. 32

x ist ein Konsonant (Mitlaut). *L* = {*b, c, r*}
x ist ein Buchstabe, der in dem Wort *Freude* vorkommt. *L* = {*r, e, u*}
x ist ein Buchstabe, der in dem Wort *Haus* vorkommt. *L* = {*a, u*}
x ist eine Zahl. *L* = { }

A 39 **S. 32**

x ist eine ungerade Zahl.	$L = \{1, 3, 11\}$
y ist eine durch 3 teilbare Zahl.	$L = \{3, 6\}$
u ist größer als 3.	$L = \{4, 6, 11\}$
$7 + n = 10$	$L = \{3\}$
z ist das Doppelte von 5.	$L = \{\ \}$

A 40 **S. 33**

Vorgänger:		Nachfolger:
Rose	Anni	Elke
Anni	Elke	Inge
Elke	Inge	Gerda
–	Rosi	Anni
Inge	Gerda	–

A 41 **S. 33**

a) Mathe: Musik	Deutsch: Mathe	Turnen: –
b) Englisch: Musik	Deutsch: –	Musik: Mathe

A 42 **S. 34**

Vorgänger:		Nachfolger:	Vorgänger:		Nachfolger:
1	3	4	4	7	9
–	1	3	7	9	–

A 43 **S. 34**

a) $x > 5$, $L = \{6, 8\}$ Es starten 6 und 8.

b) $x > 3$, $L = \{4, 6, 8\}$ Es treten an: 4, 6 und 8.

A 44 **S. 35**

a) $x \geq 100$, $G = \{12, 183, 57, 129, 66, 19\}$, $L = \{183, 129\}$
Gewinne sind Pauls Lose mit den Nummern 183 und 129.

b) $x \geq 200$, $L = \{\ \}$, Paul hat keinen Hauptgewinn.

A 45 **S. 36**

a) $x < 10$ $G = \{4, 5, 7, 10\}$ $L = \{4, 5, 7\}$
Eine Urkunde bekommen die Freunde auf den 4., 5. und 7. Einlaufplätzen.

b) $x < 4$ $G = \{4, 5, 7, 10, 6, 12, 14, 17, 23\}$ $L = \{\ \}$
Einen Preis hat keiner gewonnen.

A 46 **S. 37**

$L = \{0, 1, 2, 3\}$

A 47 **S. 37**

$x \leq 30$ €
$G = \{5$ €, 42 €, 15 €, 22 €, 41 €, 12 €, 50 €$\}$
$L = \{5$ €, 15 €, 22 €, 12 €$\}$
Hans hat noch die Auswahl zwischen 4 Geschenken.

A 48 **S. 37**

a) $x > 5$	$L = \{7, 9, 11\}$	$x \geq 5$	$L = \{5, 7, 9, 11\}$
b) $x \leq 4$	$L = \{1, 3\}$	$x < 4$	$L = \{1, 3\}$
c) $x \geq 7$	$L = \{7, 9, 11\}$	$x \leq 7$	$L = \{1, 3, 5, 7\}$
d) $x > 7$	$L = \{9, 11\}$	$x < 7$	$L = \{1, 3, 5\}$
e) $x \leq 1$	$L = \{1\}$	$x < 1$	$L = \{\ \}$

A

Lösungen Teil B

B1 S. 39 $|M|=2$ $|C|=6$ $|D|=3$ $|E|=1$ $|F|=0$

B2 S. 39 ... für *F*. *F* ist eine leere Menge.

B3 S. 40

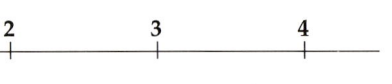

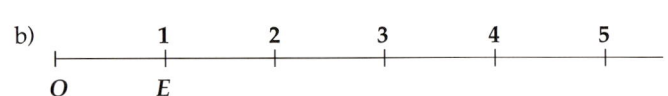

a) Zahlenstrahl mit O, E, 1, 2, 3, 4

b) Zahlenstrahl mit O, E, 1, 2, 3, 4, 5

B4 S. 40

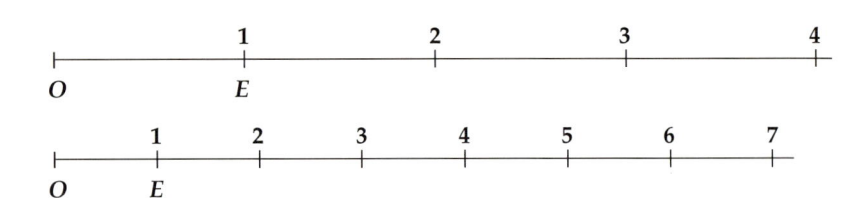

Zahlenstrahl mit O, E, 1, 2, 3, 4

Zahlenstrahl mit O, E, 1, 2, 3, 4, 5, 6, 7

B5 S. 42

	endlich	nichtendlich
Die Mengen ...... aller ungeraden natürlichen Zahlen: $\mathbb{U} = \{1, 3, 5, 7, ...\}$	☐	☒
Menge aller natürlichen Zahlen, die kleiner als 10 sind	☒	☐
$\{90, 89, 88, ... 3, 2, 1, 0\}$	☒	☐
Menge aller Vielfachen von 11	☐	☒
Menge aller Zahlen, die größer als 3 sind	☐	☒
$\{7, 17, 27, 37, ...\}$	☐	☒

B6 S. 43
Zahl: 35 217;   Ziffer 3: **5.**   5: **4.**   1: **2.**   7: **1.**
Zahl: 835 942;   Ziffer 4: **2.**   2: **1.**   9: **3.**   8: **6.**

B7 S. 44

	Md|	M|	T|	E
302713		|	302|	713
		M|	T|	E
150000000		150|	000|	000
		M|	T|	E
35000083520		35|	000|	083| 520
	Md|	M|	T|	E
1020725300000	1|	020|	725|	300| 000
	B|	Md|	M|	T| E
28135054000009	28|	135|	054|	000| 009
	B|	Md|	M|	T| E

6 M 835 E:	6 I 000 I 835	6 000 835	**B 8**
21 Md 302 M 753 T 871 E:	21 I 302 I 753 I 871	21 302 753 871	**S. 45**
710 Md 23 T:	710 I 000 I 023 I 000	710 000 023 000	
2 B 785 Md 60 M 1 T 236 E:	2 I 785 I 060 I 001 I 236	2 785 060 001 236	
30 B 8 M 932 E:	30 I 000 I 008 I 000 I 932	30 000 008 000 932	

36 014 200,   27 038 000,   820 050 000 052,   57 000 278 001,   30 000 008 000 032   **B 9**
S. 45

die Ziffer 5?   5,   die Ziffer 2?   200,   die Ziffer 7?   7 000,   die Ziffer 8?   80   **B 10**
S. 46

a) $1000 = 10^3$ $100000 = 10^5$ **B 11**
   $1000000000000000 = 10^{15}$ $10000000 = 10^7$ **S. 47**

b) Die Ziffer 3 hat den Stellenwert $3 \cdot 10\,000 = 3 \cdot 10^4$
   Die Ziffer 5 hat den Stellenwert $5 \cdot 100\ \ \ = 5 \cdot 10^2$
   Die Ziffer 8 hat den Stellenwert $8 \cdot 10$
   Die Ziffer 7 hat den Stellenwert $7 \cdot 1\,000\ = 7 \cdot 10^3$

c) $5 \cdot 10^3 = 5\,000$ $7 \cdot 10^5 = 700\,000$ $32 \cdot 10^2 = 3\,200$ $148 \cdot 10^6 = 148\,000\,000$

$10 \cdot 10 \cdot 10\ =\ 1\,000\ =\ 10^3$ $10 \cdot 10 \cdot 10 \cdot 10 \cdot 10\ =\ 100\,000\ =\ 10^5$ **B 12**
$10 \cdot 10 \cdot 10 \cdot 10 \cdot 10 \cdot 10 \cdot 10\ =\ 10\,000\,000\ =\ 10^7$ **S. 47**

5:	○ I ○ I	6:	○ I I ○	7:	○ I I I	**B 13**
8:	I ○ ○ ○	9:	I ○ ○ I	10:	I ○ I ○	**S. 48**
11:	I ○ I I	12:	I I ○ ○	13:	I I ○ I	
14:	I I I ○	15:	I I I I	16:	I ○ ○ ○ ○	

○ I ○ ○ ○ = 8,   I ○ ○ ○ ○ = 16,   I ○ ○ ○ ○ ○ = 32   **B 14**
S. 49

Stelle: Stufenzahl: **B 15**
  5. $8 \cdot 2 =\ 16$ **S. 49**
  6. $16 \cdot 2 =\ 32$
  7. $32 \cdot 2 =\ 64$
  8. $64 \cdot 2 = 128$

a) I   I   I   I   **B 16**
   8 + 4 + 2 + 1 = 15   **S. 49**

b) I   ○   I   ○   I   I
   32 + 0 + 8 + 0 + 2 + 1 = 43

c) I   I   ○   I   I   ○
   32 + 16 + 0 + 4 + 2 + 0 = 54

B 17
S. 50
5. $16 = 2 \cdot 2 \cdot 2 \cdot 2 = 2^4$
6. $32 = 2 \cdot 2 \cdot 2 \cdot 2 \cdot 2 = 2^5$
7. $64 = 2 \cdot 2 \cdot 2 \cdot 2 \cdot 2 \cdot 2 = 2^6$
8. $128 = 2 \cdot 2 \cdot 2 \cdot 2 \cdot 2 \cdot 2 \cdot 2 = 2^7$

B 18
S. 50
10^3, 4^5, 3^{10}, 5^2

B 19
S. 51
Hans hat 28 Lego-Steine.

B 20
S. 51
von 8 Uhr bis 9 Uhr: 11 LKWs   von 9 Uhr bis 10 Uhr: 27 LKWs
von 10 Uhr bis 11 Uhr: 19 LKWs   von 11 Uhr bis 12 Uhr: 8 LKWs

B 21
S. 51

Uhrzeit	8 – 9	9 – 10	10 – 11	11 –12	Uhr
—	11	27	19	8	LKWs

B 22
S. 51

b	l	a	s	e	n
4	5	6	3	12	15

B 24
S. 52

I	II	III	IV	V	VI	VII	VIII	IX	X	XI	XII
1	2	3	2	1	2	3	4	2	1	2	3

B 25
S. 53
X V III = 18   L XXX I = 81   C L V II = 157
10 5 3   50 30 1   100 50 5 2

I C = 99   X IX = 19   X C V = 95
1 100   10 9   10 100 5

B 26
S. 53
M D CCC   = 1 000 + 500 + 300   = 1 800
L X IX   =   50 + 10 +   9   =   69
C L XX IX =   100 + 50 + 20 + 9   =   179

B 27
S. 53
M D CCC XL V III = 1 000 + 500 + 300 + 40 + 5 + 3 = 1 848

B 28
S. 53
Bei den Zahlen sind es höchstens 3 gleiche Zahlzeichen hintereinander.

B 29
S. 54
a) 30 = XXX,   33 = XXXIII,   34 = XXXIV,   80 = LXXX,   83 = LXXXIII,
   84 = LXXXIV,   88 = LXXXVIII,   89 = LXXXIX,   90 = XC,   300 = CCC,
   400 = CD,   800 = DCCC,   830 = DCCCXXX,   838 = DCCCXXXVIII,   900 = CM

b) 939 = 900 + 30 + 9 = CM XXX IX
   3 702 = 3 000 + 500 + 200 + 2 = MMM D CC II

a) M C D XC II,   M D L IX   b) M D L XX I,   M D C XXX   B 30
S. 54

8 504	aufgerundet:	$9\,000 = 9 \cdot 10^3$
25 301	aufgerundet:	$30\,000 = 3 \cdot 10^4$
971	aufgerundet:	$1\,000 = 10^3$
24 728	abgerundet:	$20\,000 = 2 \cdot 10^4$
43 999	abgerundet:	$40\,000 = 4 \cdot 10^4$

B 31
S. 55

Auf 1 Stelle: $3\,000\,000 = 3 \cdot 10^6$
Auf 2 Stellen: $3\,300\,000 = 33 \cdot 10^5$
Auf 3 Stellen: $3\,270\,000 = 327 \cdot 10^4$
Auf 4 Stellen: $3\,272\,000 = 3\,272 \cdot 10^3$

B 32
S. 55

a) auf 1 Stelle: $8\,000 = 8 \cdot 10^3$
   auf 2 Stellen: $8\,000 = 80 \cdot 10^2$

b) auf 3 Stellen: $457\,000 = 457 \cdot 10^3$
   auf 4 Stellen: $457\,000 = 4\,570 \cdot 10^2$

B 33
S. 56

B + C

Lösungen   Teil C

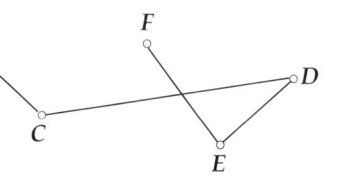

A———————————B

C 1
S. 58

C 2
S. 58

42 mm	54 mm
35 mm	22 mm
48 mm	66 mm

C 3
S. 58

Kürzeste Entfernung: $\overline{DS}$
Größte Entfernung: $\overline{CS}$

C 4
S. 59

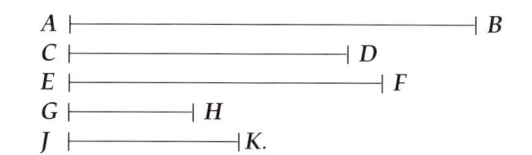

A ⊢————————————⊣ B
C ⊢——————————⊣ D
E ⊢————————⊣ F
G ⊢————⊣ H
J ⊢—————⊣ K.

C 5
S. 59

Lösungen   125

C 6
S. 60   178 mm = 1,78 dm

	m	dm	cm	mm
		1	7	8

4 833 cm = 48,33 m

	m	dm	cm	mm
4	8	3	3	

C 7   1 235 mm = 1,235 m   207 cm = 2,07 m
S. 60 3 072 mm = 30,72 dm   7 008 mm = 7,008 m

C 8   2 080 mm = 208 cm = 2,08 m   124 cm = 12,4 dm = 1,24 m
S. 61 2 400 mm = 24 dm = 2,4 m   5 180 mm = 518 cm = 5,18 m
         1 800 cm = 180 dm = 18 m

C 9   300 mm =   30 cm = 3   dm = 0,3 m
S. 61   7 mm =   0,7 cm = 0,07 dm = 0,007 m
         200 cm =   20 dm = 2   m
          93 cm =   9,3 dm = 0,93   m
           5 cm =   0,5 dm = 0,05   m

C 10   8 cm =   80 mm   8 dm =   800 mm   8 m = 8 000 mm
S. 62 17 cm =   170 mm   71 m = 71 000 mm 21 m = 2 100 cm
         400 dm = 4 000 cm   540 m = 54 000 cm

C 11 5,209 m = 5 209 mm   5,209 m = 520,9 cm
S. 62 6,38 m = 6 380 mm   0,5   m = 500 mm
         0,024 m =   24 mm   0,04 m =   4 cm

C 12 a)   600 m = 0,6 km   5 m = 0,005 km   0,014 km = 14 m
S. 63 b)   80 m = 0,08 km   0,208 km = 208 m
               7 800 m = 7,8 km   0,32 km = 320 m

C 13 8,5   km = 8 500 m   = $85 \cdot 10^2$ m
S. 63 8,5   km = 8 500 000 mm   = $85 \cdot 10^5$ mm
         3 200 km = 3 200 000 m   = $32 \cdot 10^5$ m
         3 200 km = 320 000 000 cm   = $32 \cdot 10^7$ cm

C 14 a) 90 dm   b) 19,7 m   c) 0,7 km   d) 15 mm   e) 40 077 km
S. 64

C 15 Jede Seite ist 1 cm lang.
S. 64

Es sind 15 Quadrate. Das Rechteck hat eine Fläche von 15 cm². **C 16** **S. 64**

$0{,}093 \text{ km}^2 = 9{,}3 \text{ ha} = 930 \text{ a} = 93\,000 \text{ m}^2$
$0{,}0072 \text{ ha} = 0{,}72 \text{ a} = 72 \text{ m}^2 = 7\,200 \text{ dm}^2$
$1{,}542 \text{ m}^2 = 154{,}2 \text{ dm}^2 = 15\,420 \text{ cm}^2 = 1\,542\,000 \text{ mm}^2$

C 17 **S. 66**

$1{,}35 \text{ a} = 1\,350\,000 \text{ cm}^2 = 135 \cdot 10^4 \text{ cm}^2$
$230 \text{ m}^2 = 230\,000\,000 \text{ mm}^2 = 23 \cdot 10^7 \text{ mm}^2$
$0{,}3 \text{ km}^2 = 300\,000 \text{ m}^2 = 3 \cdot 10^5 \text{ m}^2$

C 18 **S. 66**

$88\,700 \text{ mm}^2 = 887 \text{ cm}^2 = 8{,}87 \text{ dm}^2 = 0{,}0887 \text{ m}^2$
$978{,}2 \text{ cm}^2 = 9{,}782 \text{ dm}^2 = 0{,}09782 \text{ m}^2 = 0{,}0009782 \text{ a}$
$253\,000 \text{ m}^2 = 2\,530 \text{ a} = 25{,}3 \text{ ha} = 0{,}253 \text{ km}^2$

C 19 **S. 66**

$375 \cdot 10^3 \text{ cm}^2 = 375\,000 \text{ cm}^2 = 3\,750 \text{ dm}^2 = 37{,}5 \text{ m}^2$
$28 \cdot 10^6 \text{ mm}^2 = 28\,000\,000 \text{ mm}^2 = 280\,000 \text{ cm}^2 = 2\,800 \text{ dm}^2$

S. 67

a) $0{,}075 \text{ m}^3 = 75 \text{ dm}^3 = 75\,000 \text{ cm}^3$ $1{,}2 \text{ dm}^3 = 1\,200 \text{ cm}^3 = 1\,200\,000 \text{ mm}^3$

C 20 **S. 68**

b) $12 \text{ m}^3 = 12\,000 \text{ dm}^3 = 12 \cdot 10^3 \text{ dm}^3 =$
   $= 12\,000\,000 \text{ cm}^3 = 12 \cdot 10^6 \text{ cm}^3 =$
   $= 12\,000\,000\,000 \text{ mm}^3 = 12 \cdot 10^9 \text{ mm}^3$

a) $55\,300 \text{ mm}^3 = 55{,}3 \text{ cm}^3 = 0{,}0553 \text{ dm}^3$
   $78{,}2 \text{ cm}^3 = 0{,}0782 \text{ dm}^3 = 0{,}0000782 \text{ m}^3$

C 21 **S. 68**

b) $67 \cdot 10^7 \text{ cm}^3 = 670\,000\,000 \text{ cm}^3 = 670 \text{ m}^3$

$238 \text{ l} = 2{,}38 \text{ hl},\qquad 238 \text{ l} = 2\,380 \text{ dl} = 23\,800 \text{ cl}$
$24 \text{ dm}^3 = 24 \text{ l} = 240 \text{ dl} = 2\,400 \text{ cl} = 24\,000 \text{ ml}$
$1{,}74 \text{ m}^3 = 1\,740 \text{ dm}^3 = 1\,740 \text{ l} = 17{,}4 \text{ hl}$

C 22 **S. 69**

a) $0{,}25 \text{ l} = 0{,}25 \text{ dm}^3 = 250 \text{ cm}^3$ b) $50 \text{ l} = 0{,}5 \text{ hl}$

C 23 **S. 69**

2,356 kg Zucker sind 2 356 g   5,4 kg Rattengift sind 5 400 000 mg
5 t Kohle sind 5 000 kg   0,782 kg Backpulver sind 782 g
0,012 kg Pfeffer sind 12 000 mg

C 24 **S. 70**

3 200 000 mg Mehl sind 3,2 kg   5 000 kg Kartoffeln sind 5 t
3 700 kg Äpfel sind 3,7 t   70 000 g Erdnüsse sind 0,07 t

C 25 **S. 70**

Lösungen

Lösungen Teil D

D1 S. 71 3 + 1 = 4,   3 + 4 = 7,   3 + 7 = 10,   3 + 5 = 8

D2 S. 72

4 + 3 ⊢─────────→   4 ⊢────→   4 + 3 = 7
                                             3
                                             7

2 + 7 ⊢─────────→   2 ⊢────→   2 + 7 = 9
                                             7
                                             9

D3 S. 72 5, 12, 19, 26, 33, 40, 47, 54, 61, 68, 75

D4 S. 72 11 + 18 = 29,   9 + 13 = 22,   38 + 27 = 65,   23 + 44 = 67,   25 + 33 = 58

D5 S. 73 Der Lehrer muss 67 Karten besorgen.

D7 S. 73

+	6	9	7	8	4
11	17	20	18	19	15
13	19	22	20	21	17
17	23	26	24	25	21
19	25	28	26	27	23
14	20	23	21	22	18

+	12	17	23	28	34
11	23	28	34	39	45
19	31	36	42	47	53
24	36	41	47	52	58
45	57	62	68	73	79
36	48	53	59	64	70

+	11	17	13	19	14
12	23	29	25	31	26
15	26	32	28	34	29
18	29	35	31	37	32
14	25	31	27	33	28
16	27	33	29	35	30

+	21	37	29	43	52
18	39	55	47	61	70
37	58	74	66	80	89
46	67	83	75	89	98
55	76	92	84	98	107
29	50	66	58	72	81

3 + 5 ⊢────────▶ 3
⊢────────────────▶ 5
⊢────────────────────▶ 8

5 + 3 ⊢────────────────▶ 5
⊢────────▶ 3
⊢────────────────────▶ 8

D 8
S. 74

a) 15 + 3 = 18,   3 + 15 = 18

b) 8 + 11 = 19,   11 + 8 = 19

D 9
S. 74

a) (21 + 6) + 12 = 27 + 12 = 39
   21 + (6 + 12) = 21 + 18 = 39

b) (42 + 7) + 8 = 49 + 8 = 57
   42 + (7 + 8) = 42 + 15 = 57

c) (17 + 5) + 22 = 22 + 22 = 44
   17 + (5 + 22) = 17 + 27 = 44

D 10
S. 75

S. 76

a) 12 + 57 + 28 = 12 + 28 + 57 = (12 + 28) + 57 = 40 + 57 = 97
   38 + 39 + 42 = 38 + 42 + 39 = (38 + 42) + 39 = 80 + 39 = 119
   43 + 65 + 77 = 43 + 77 + 65 = (43 + 77) + 65 = 120 + 65 = 185
   26 + 37 + 84 = 26 + 84 + 37 = (26 + 84) + 37 = 110 + 37 = 147

b) 8 + 27 + 3 + 12 = (8 + 12) + (27 + 3) = 20 + 30 = 50
   17 + 48 + 33 + 2 = (17 + 33) + (48 + 2) = 50 + 50 = 100
   44 + 23 + 26 + 52 = (44 + 26) + (23 + 52) = 70 + 75 = 145
   18 + 13 + 22 + 23 + 4 = (18 + 22) + (13 + 23 + 4) = 40 + 40 = 80
   12 + 44 + 15 + 16 + 33 = (12 + 33 + 15) + (44 + 16) = 60 + 60 = 120

D 11
S. 76

	wahr	falsch		wahr	falsch
7 + 0 > 7	☐	☒	21 + 0 ≠ 21	☐	☒
7 + 0 > 6	☒	☐	15 + 0 < 20	☒	☐
18 + 0 = 18	☒	☐	23 + 0 > 23	☐	☒
21 + 0 ≥ 21	☒	☐	23 + 0 > 22	☒	☐

D 12
S. 77

D

Lösungen

D 13
S. 77

a) 146
   523
   ―――
   669

b) 237
   652
   ―――
   889

c) 4 742
    155
   ―――
   4 897

d) 5 632
   2 065
   ―――
   7 697

D 14
S. 78

a) Gerundet:
   6 000 + 6 000 = 12 000

   6 284
   5 714
   ―――
   11 998

b) Gerundet:
   700 + 1 400 = 2 100

   682
   1 375
   ―――
   2 057

c) Gerundet:
   3 000 + 9 000 = 12 000

   2 978
   9 023
   ―――
   12 001

d) Gerundet:
   9 000 + 4 000 = 13 000

   8 793
   3 649
   ―――
   12 442

e) Gerundet:
   14 000 + 7 000 = 21 000

   13 947
   6 793
   ―――
   20 740

D 15
S. 79

a) 2 346 | 2 300 |

b) 22 856 | 22 000 |

c) 32 174 | 33 000 |

d) 16 337 | 16 000 |

D 16
S. 79

110
1110
11110
111110
1111110
11111110
111111110
1111111**2**10

Lösungen

a) 813 + 945 = 1 758
674 + 493 = 1 167
824 + 751 = 1 575
492 + 832 = 1 324

2 803 + 3 021 = $\boxed{5\,824}$

b) 58 + 82 391 = 82 449
239 + 3 146 = 3 385
74 851 + 603 = 75 454
8 437 + 9 184 = 17 621

83 585 + 95 324 = $\boxed{178\,909}$

D 17
S. 79 / S. 80

c) 6 027 + 8 513 + 7 601 + 8 732 = 30 873
3 579 + 3 258 + 194 + 966 = 7 997
9 806 + 6 541 + 8 719 + 6 481 = 31 547
147 + 864 + 9 867 + 1 532 = 12 410

19 559 + 19 176 + 26 381 + 17 711 = $\boxed{82\,827}$

S. 80

9 326 + 1 347 + 8 243 + 4 197 + 5 136 = 28 249
86 + 596 + 597 + 835 + 72 = 2 186
74 + 47 + 258 + 5 834 + 4 319 = 10 532
6 394 + 6 945 + 296 + 796 + 5 316 = 19 747
147 + 724 + 95 + 485 + 527 = 1 978

16 027 + 9 659 + 9 489 + 12 147 + 15 370 = $\boxed{62\,692}$

D 18
S. 80

D 19
S. 81

$\overline{AB}$ = 50 mm, $\overline{BC}$ = 38 mm, $\overline{CD}$ = 18 mm, $\overline{DE}$ = 28 mm, $\overline{EF}$ = 20 mm,
$\overline{FG}$ = 25 mm, $\overline{GH}$ = 19 mm.
Die Spinne ist 198 mm = 19,8 cm gekrabbelt.

D 20
S. 81

a) b)

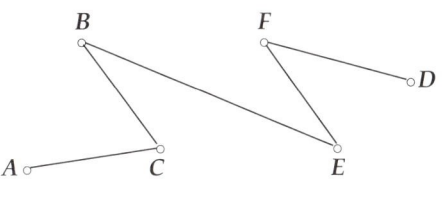

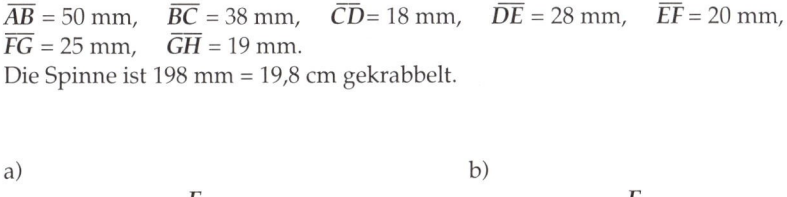

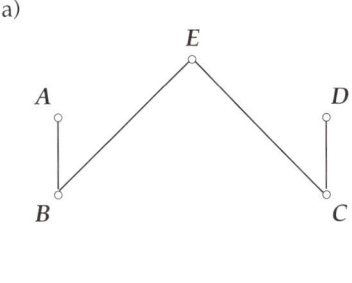

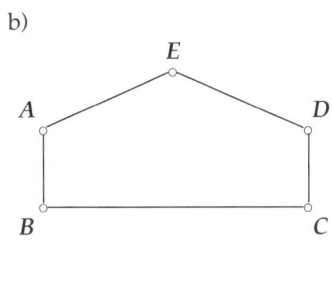

D 21
S. 81

Dreieck   Sechseck   Viereck

D 22
S. 82

20,8 m + 12,7 m + 21,9 m + 15 m = 70,4 m
Der Großvater braucht 70,4 m Maschendraht, das sind aufgerundet 71 m.

D 23
S. 82

Lösungen

D 24
S. 83
$u = 12$ cm, $u = 12$ cm

D 25
S. 83
a) $u = 8{,}6$ cm   Das Vieleck ist ein Dreieck.
b) $u = 8{,}1$ cm   Das Vieleck ist ein Viereck.
c) $u = 14{,}8$ cm   Das Vieleck ist ein Fünfeck.
d) $u = 161$ mm   Das Vieleck ist ein Sechseck.

D 26
S. 84
6 250 g. Hans hat insgesamt 6,25 kg getragen.

D 27
S. 84
a) 1 000 g + 3 500 g + 2 900 g + 460 g + 600 g + 4 800 g +
   + 180 g + 1 800 g + 560 g = 15 800 g
   Der volle Koffer wiegt 15,8 kg.
b) Zurückbleiben muss das Spielzeugauto (1,8 kg).

D 28
S. 84
Der Lieferwagen fährt mit 124 kg Fracht zum Bahnhof.

D 29
S. 85
Die Mannschaft A wirft 107,4 m (mit 5 Würfen).
Die Mannschaft B wirft 100,4 m (mit 4 Würfen).
Gewonnen hat die Mannschaft B mit 4 Würfen.

D 30
S. 85
25 km + 18,6 km + 31,8 km + 0,8 km = 76,2 km
Paul und seine Freundin sind insgesamt 76,2 km gegangen.

D 31
S. 85

		Gerundet:
In der 1. Woche:	70,53 €	70
In der 2. Woche:	128,16 €	130
In der 3. Woche:	106,42 €	110
In der 4. Woche:	256,75 €	260
	561,86 €	570

Paul hat in diesen vier Wochen 561,86 € ausgegeben.

Lösungen Teil E

E 1
S. 86
9 − 1 = 8   9 − 6 = 3   9 − 3 = 6

E 2
S. 87
| 5 |

E 3
S. 87
5 − 4   6 − 2
⊢⎯⎯⎯⎯⎯⎯⎯⎯⎯→ 5   ⊢⎯⎯⎯⎯⎯⎯⎯⎯⎯→ 6
    ⊢⎯⎯⎯⎯⎯→ 4   ⊢⎯⎯⎯→ 2
⊢→ 1   ⊢⎯⎯⎯⎯⎯⎯⎯→ 4

a) 78, 67, 56, 45, 34, 23, 12, 1   **E 4**
b) 49, 42, 35, 28, 21, 14, 7, 0   Die zuletzt berechnete Zahl ist 0.   **S. 87**

a) 32 − 14 = 18   Es bleiben noch 18 Kinder im Bus.   **E 5**
b) 18 − 0 = 18   **S. 88**

	wahr	falsch		wahr	falsch
5 − 0 ≠ 5	☐	☒	6 − 0 < 6	☐	☒
5 − 0 ≠ 6	☒	☐	6 − 0 ≤ 6	☒	☐
3 − 0 = 3	☒	☐	9 − 0 > 9	☐	☒
0 − 0 = 0	☒	☐	9 − 0 > 8	☒	☐

E 6 / S. 88

a) Subtrahend

−	6	9	7	8	4
11	5	2	4	3	7
13	7	4	6	5	9
17	11	8	10	9	13
19	13	10	12	11	15
14	8	5	7	6	10
20	14	11	13	12	16

Subtrahend

−	21	17	9	33	12
58	37	41	49	25	46
77	56	60	68	44	65
49	28	32	40	16	37
60	39	43	51	27	48
85	64	68	76	52	73
102	81	85	93	69	90

(Minuend)

E 7 / S. 89

b) Subtrahend

−	11	17	13	19	14
22	11	5	9	3	8
25	14	8	12	6	11
28	17	11	15	9	14
24	13	7	11	5	10
26	15	9	13	7	12
30	19	13	17	11	16

Subtrahend

−	12	17	23	28	34
31	19	14	8	3	/
29	17	12	6	1	/
34	22	17	11	6	0
45	33	28	22	17	11
36	24	19	13	8	2
50	38	33	27	22	16

a) 412   b) 1 111   c) 210   d) 11 102   **E 8 / S. 90**

a) 35   b) 128   c) 2 376   d) 1 169   **E 9 / S. 90**

116   **E 10 / S. 90**

a) 55,   8 201   b) 16,   137,   5 774,   781   **E 11 / S. 91**

Lösungen

E 12
S. 91
a) 2 014 m
b) 1 822 m
c) 2 433 m
d) 2 851 m

E 13
S. 91
Gerdas Mutter bleiben noch 6,625 kg Mehl.

E 14
S. 92
a) 6 t – 850 kg = 6 000 kg – 850 kg = 5 150 kg
Er kann noch 5 150 kg Äpfel dazuladen.

b) 4 t – 2 810 kg = 4 000 kg – 2 810 kg = 1 190 kg
Er kann noch 1 190 kg verladen.

c) 5 150 kg + 1 190 kg = 6 340 kg
Die erste Lieferung Äpfel beträgt 6 340 kg = 6,34 t.

E 15
S. 92
a) 541 km – 95,4 km = 541 000 m – 95 400 m = 445 600 m = 445,6 km
Es müssen noch 445,6 km gefahren werden.

b) 445,6 km – 87,9 km = 445 600 m – 87 900 m = 357 700 m = 357,7 km
Die Reststrecke beträgt noch 357,7 km.

c) 357,7 km – 9 800 m = 357 700 m – 9 800 m = 347 900 m = 347,9 km
Die Mannschaft bricht die Fahrt 347,9 km vom Ziel entfernt ab.

E 16
S. 93
46 m^2 – 2 660 dm^2 = 4 600 dm^2 – 2 660 dm^2 = 1 940 dm^2 = 19,4 m^2
Am zweiten Tag werden 19,4 m^2 gepflastert.

E 17
S. 93
8,3 hl – 83 l = 830 l – 83 l = 747 l
In dem Fass sind noch 747 l = 7,47 hl Wein.

E 18
S. 93
1 780 l = 1 780 dm^3
5,23 m^3 – 1 780 dm^3 = 5 230 dm^3 – 1 780 dm^3 = 3 450 dm^3 = 3,45 m^3
Man kann den Container noch mit 3,45 m^3 Bauschutt füllen.

E 19
S. 94
30 – 21 = 9   37 – 25 = 12   87 – 54 = 23

E 20
S. 94
a) 39 + x = 100
x = 100 – 39
x = 61

b) x + 43 = 97
x = 97 – 43
x = 54

c) x + 935 = 1 111
x = 1 111 – 935
x = 176

E 21
S. 95
Berechnung: x = 95 – 46; x = 49
Antwort: Der gesuchte Summand ist die Zahl 49.

Lösungen

E 22 S. 95

a) Ansatz: $x + 37 = 96$
   Berechnung: $x = 96 - 37$; $x = 59$
   Antwort: Der gesuchte Summand ist die Zahl 59.
b) Ansatz: $27 + x = 59$
   Berechnung: $x = 59 - 27$; $x = 32$
   Antwort: Der gesuchte Summand ist die Zahl 32.

E 23 S. 96

Paul muss noch 203 km fahren.

E 24 S. 96

a) Ansatz: $x + 12{,}85 € = 27{,}50 €$
   Antwort: Gerdas Ersparnisse betrugen 14,65 €.
b) Ansatz: $43{,}25 \text{ kg} + x = 50 \text{ kg}$
   Antwort: Der Steuermann muss noch 6,75 kg Sand in Säckchen mitnehmen.
c) Ansatz: $x + 126 \text{ l} = 10 \text{ hl}$; $x + 126 \text{ l} = 1\,000 \text{ l}$
   Antwort: Im Fass waren ursprünglich 874 l Wein.

E 25 S. 97

a) $x - 16 = 99$
   $x = 99 + 16$
   $x = 115$
b) $x - 95 = 70$
   $x = 70 + 95$
   $x = 165$
c) $x - 23 \text{ km} = 47 \text{ km}$
   $x = 47 \text{ km} + 23 \text{ km}$
   $x = 70 \text{ km}$
d) $x - 38 \text{ m}^2 = 105 \text{ m}^2$
   $x = 105 \text{ m}^2 + 38 \text{ m}^2$
   $x = 143 \text{ m}^2$

E 26 S. 97

a) Ansatz: $x - 49 = 57$
   Antwort: Der gesuchte Minuend ist die Zahl 106.
b) Ansatz: $x - 8\,495 = 3\,883$
   Antwort: Der gesuchte Minuend ist die Zahl 12 378.

E 27 S. 98

Berechnung: $x = 830{,}30 € + 325{,}50 €$
$x = 1\,155{,}80 €$
Antwort: Ursprünglich hatte Paul 1 155,80 € auf seinem Sparbuch.

E 28 S. 98

a) Ansatz: $x - 338 \text{ km} = 279{,}5 \text{ km}$
   Antwort: Er sollte eine Tagesstrecke von 617,5 km zurücklegen.
b) Ansatz: $x - 29 \text{ kg} = 126 \text{ kg}$
   Antwort: Es wurden 155 kg Obst geliefert.

E 29 S. 98

a) 9 856   Probe: 8 897
   − 959   + 959
   ─────   ─────
   8 897   9 856

b) 9 831   Probe: 1 879
   − 7 952   + 7 952
   ─────   ─────
   1 879   9 831

Lösungen

E 30
S. 99

a) $92 - x = 37$
$x = 92 - 37$
$x = 55$

b) $83 - x = 45$
$x = 83 - 45$
$x = 38$

c) $99 \text{ km} - x = 74 \text{ km}$
$x = 99 \text{ km} - 74 \text{ km}$
$x = 25 \text{ km}$

d) $292 \text{ g} - x = 173 \text{ g}$
$x = 292 \text{ g} - 173 \text{ g}$
$x = 119 \text{ g}$

E 31
S. 100

Berechnung: $x = 71 - 42$
$x = 29$
Antwort: Der gesuchte Subtrahend ist die Zahl 29.

E 32
S. 100

Ansatz: $123 - x = 87$
Berechnung: $x = 123 - 87$
$x = 36$
Antwort: Der gesuchte Subtrahend ist die Zahl 36.

E 33
S. 100

a) Ansatz: $250 \text{ m} - x = 27 \text{ m}$
Berechnung: $x = 250 \text{ m} - 27 \text{ m}$
$x = 223 \text{ m}$
Antwort: Nach dem Verlegen ist das Kabel auf der Rolle um 223 m kürzer.

b) Ansatz: $8\,350 - x = 6\,790$
Berechnung: $x = 8\,350 - 6\,790$
$x = 1\,560$
Antwort: Die Produktion wurde um 1 560 Geräte vermindert.

E 34
S. 101

Ansatz: $99 - x = 51$
Antwort: Der gesuchte Subtrahend ist die Zahl 48.

E 35
S. 101

Ansatz: $x + 124 = 304$
Antwort: Der gesuchte Summand ist die Zahl 180.

E 36
S. 101

Ansatz: $x - 104 = 64$
Antwort: Der gesuchte Minuend ist die Zahl 168.

E 37
S. 101

Ansatz: $323 + x = 666$
Antwort: Der gesuchte Summand ist die Zahl 343.

E 38
S. 101

Ansatz: $278 - x = 193$
Antwort: Der gesuchte Subtrahend ist die Zahl 85.

Lösungen